Meteor 全栈开发

杜亦舒 著

電子工業出版社·
Publishing House of Electronics Industry
北京•BEIJING

内 容 简 介

本书全面介绍了新一代全栈开发平台 Meteor。书中首先简要介绍了 Meteor 的概念和特性，然后通过各种示例讲解 Meteor 的用法，再用案例实践的方式综合运用所讲过的内容，加深对 Meteor 的理解，接着展示 Meteor 应用如何部署到生产环境中，最后探讨一些 Meteor 应用架构扩展的进阶话题。

本书面向对 JavaScript 全栈开发感兴趣的读者，可供希望快速进行产品开发和想尝试新技术的开发者参考。

图书在版编目（CIP）数据

Meteor全栈开发 / 杜亦舒著. —北京：电子工业出版社，2016.10
（前端撷英馆）
ISBN 978-7-121-29968-1

Ⅰ. ①M… Ⅱ. ①杜… Ⅲ. ①JAVA语言－程序设计 Ⅳ. ①TP312.8

中国版本图书馆CIP数据核字（2016）第229082号

策划编辑：张春雨
责任编辑：李云静
印　　刷：北京天宇星印刷厂
装　　订：北京天宇星印刷厂
出版发行：电子工业出版社
　　　　　北京市海淀区万寿路173信箱　　　　邮编：100036
开　　本：787×980　1/16　　　印张：17　　　字数：304千字
版　　次：2016年10月第1版
印　　次：2016年10月第1次印刷
册　　数：3000册　　　定价：75.00元

凡所购买电子工业出版社图书有缺损问题，请向购买书店调换。若书店售缺，请与本社发行部联系，联系及邮购电话：（010）88254888，88258888

质量投诉请发邮件至zlts@phei.com.cn，盗版侵权举报请发邮件至dbqq@phei.com.cn。

本书咨询联系方式：010-51260888-819　faq@phei.com.cn。

前言

这本书讲了什么

本书是一本 Meteor 的入门实践教程。Meteor 是新一代的 JavaScript（JS）全栈开发平台，基于 Node.js，但并不要求读者必须已经熟悉 Node.js。本书的目标是使读者阅读本书，能够理解 Meteor 不一样的技术思路，学会使用 Meteor 进行快速的 Web 开发，以及掌握对 Meteor 进行架构扩展的思路。

本书一共有 11 章，分别从入门介绍、功能讲解、项目实践、进阶拓展这 4 个方面对 Meteor 进行了阐述。

第 1 章和第 2 章为入门介绍，讲解了 Meteor 具体是什么，它的工作原理，以及 Meteor 的优势和不足。通过这两章的学习可使读者快速地建立起对 Meteor 的初步印象，然后详细讲解了 Meteor 的安装方法，读者从中可以体会到 Meteor 的快速与便捷。

通过前两章的入门介绍，读者已经大体认识了 Meteor，知道了它的特性，但头脑中还是会有很多问题，例如 Meteor 的开发方式有什么不同呢？ Meteor 的快速开发体现在哪些方面呢？…… 通过后面的深入讲解，这些问题就会逐渐被弄明白。第 3 章到第 7 章为功能讲解部分，将 Meteor 的知识结构拆分成几大块，逐一讲解模板的应用、MongoDB 数据库的操作方式、路由控制、用户系统的集成配置、与数据库沟通方式的优化和安全升级，并带有丰富的示例。通过这些功能的讲解与示例实践，读者已经达到可以开始实际应用 Meteor 进行开发的程度。

经过对 Meteor 功能模块的讲解与实践，下面便进入项目实践部分。第 8 章会以一个完整的项目为例，从头进行开发，综合运用前面讲解的各部分功能，从整体上体会 Meteor 应用开发的全过程。

进阶拓展部分包括第 9 章到第 11 章，从功能开发阶段过渡到了产品上线阶段，分别讲解了 Meteor 应用中如何进行测试、如何把 Meteor 应用部署到线上产品环境，以及对 Meteor 应用在架构上进行扩展的方式，为应用的质量和应用的性能做好控制和准备。

如何阅读本书

Meteor 是 JavaScript 的全栈开发平台，所以阅读本书的基础要求是熟悉 HTML CSS JavaScript，但并不要求很深的熟悉程度。如果读者对这些基础知识不太熟悉，可以到 http://www.w3school.com.cn 网站上花费一点时间学习一下，只需要掌握基础知识即可开始学习 Meteor。Meteor 是基于 Node.js 的，不熟悉 Node.js 也完全没有影响；但如果了解 Node.js 的话，会有助于更好地理解 Meteor 的机制。

本书的风格偏于实践，从第 1 章就开始了动手实践，第 2 章介绍了环境搭建和项目创建的方式，并推荐了 Meteor 开发所需要的工具和资料，后面的章节中都包含了大量的示例代码。所以，强烈建议跟随书中的实践步骤和代码进行亲自操作。因为实践是学习新技术的最好方式，实践可以让我们快速掌握对新技术的应用，也可以加深对技术特性和理念的理解。在实践过程中会遇到各种问题，对问题的思考和解决过程就是非常好的学习过程。

本书的优势

- 轻松入门。本书以 Meteor 的发展历史、核心优势为切入点，详细讲解了 Meteor 的优势与不足、工作原理、功能开发、进阶技术等，内容由浅入深，便于快速入门。
- 上手容易。本书的各个章节都集合了丰富的实例，尽可能地结合实际开发中常用的场景，让读者快速上手。在讲解完 Meteor 的各个局部知识后，特意安排了一个实践项目，综合运用了各部分知识，便于读者巩固前面所学到的内容。
- 架构扩展。本书的最后一章单独讨论了 Meteor 应用的架构扩展，结合 Meteor 应用的特性，给出相应的架构扩展建议，为实际 Meteor 项目的壮大做好准备。

目录

第1章 Meteor简介

Meteor 是一个新兴项目，热度极高，广受开发人员的喜爱，非常值得学习。本章我们一起走进 Meteor 的世界，看看 Meteor 具体是什么，它有什么特点，它为什么会如此流行，以及它的优势和弱势，并实际上手体验，对 Meteor 做一个大概了解。

1.1 Meteor是什么

Meteor 是一个开源的全栈 JavaScript 开发平台，构建在 Node.js 和 MongoDB 之上。全栈开发平台已经有不少了，Meteor 有什么特色呢？

“meteor”这个单词的意思是“流星”，流星的特点是快，一闪而过；同样地，Meteor 的特点就是快，目标是为开发者提供一个快速开发的平台。

虽然 Meteor 是一个很年轻的项目，但因其开发速度快而闻名，受到大量开发者的喜爱，GitHub 上的 star 数量已达惊人的 33000+，与 Linux 之父 Torvalds 创建的 Linux Kernel 项目相当。

Meteor 这个项目的来源非常有趣。Meteor 的几个创始人本来是要做一个在线旅游点评网站，并且已经进入了著名孵化器 YC，准备开干了。

但在筹备过程中，和孵化器的其他伙伴聊天时，发现大家都有一个共同的问题，就是开发效率不高，常常需要做很多重复性的工作。

所以他们改变了创业想法，决定做一个开源的开发平台，提供一套完善的基础功能，减少重复劳动，提高开发速度，并希望有桌面应用一样的顺滑体验。

说干就干，他们在 2011 年 10 月 1 日推出了 Meteor 预览版，仅仅在 8 个月之后，Meteor 就得到了 IT 大佬们的投资。

1.0 版本发布之后，在 GitHub 上就进入了 top 20，成为当时第 11 位的流行项目。

Meteor 现在已经发展成了一个生态。因为基于 Node.js，所以其本身就可以受益于 Node.js 的庞大资源，而且 Meteor 自身也是社区模式，扩展包数量不断增长，内容已经极其丰富，功能覆盖面非常广。Meteor 生态在健康、快速地成长。

1.2 Meteor快速起步

1.2.1 创建新应用

从安装 Meteor 环境开始，一直到把测试项目运行起来，一共需要几个步骤、多长时间呢？我们一起来实验一下。

Meteor 支持 OS X、Windows、Linux。以 OS X 和 Linux 为例，在命令行执行以下命令来安装 Meteor：

```
curl https://install.meteor.com/ | sh
```

运行完成后，创建一个新项目：

```
meteor create myapp
```

运行项目：

```
cd myapp
meteor
```

访问项目，打开浏览器输入 URL：http://localhost:3000/，页面效果如图 1.1 所示。

这时，项目已经运行成功，并有默认的示例功能，单击“Click Me”按钮后，提示信息中的数值自增。

图 1.1　新建项目的访问效果

1.2.2　与 LAMP 对比开发过程

经过对 Meteor 的初步体验，是不是感觉很快？下面我们回顾一下常规开发平台的起步过程，以 PHP 为例。

（1）环境的安装

下载并安装 Apache/Nginx、PHP、MySQL。

（2）安装开发框架

直接用 PHP 写页面、操作数据库、控制路由等不现实。选择一个功能全面的框架是必需的，选择后下载并安装，再配置数据库的连接信息。

（3）引用 JS 库

一个好用的 JS 框架或者库是 Web 开发中必需的，例如 JQuery，要将其下载到项目目录中。

（4）代码开发

假设要实现上面 Meteor 项目中的默认功能：单击按钮后，页面中的值加 1 后自动更新。需要在页面中引用 JQuery，监听按钮的单击事件，处理函数中获取页面中现在的值，执行加 1 计算，然后更新 DOM 内容。

可以感受到这个过程并不简单。第 1 步是比较复杂的，即使现在有成熟的一键安装工具，但耗时也较长，而且在真正的线上运营环境中使用的话还需慎重。在第 4 步的代码开发中，页面内容的更新都需手动处理，如果涉及数据库操作则会更复杂一些——需要定义表结构、开发数据库的模型代码、把数据库操作结果传给前端展示（可能还需要使用 JS 来处理数据）。

我们再看一下 Meteor 的开发过程。

（1）安装环境

一键安装，无须任何其他配置。

（2）创建项目

通过 meteor create 命令创建出一个新的项目，无须安装其他框架和 JS 库，也不用配置数据库。

（3）代码开发

默认代码中的思路是：页面中引用动态值，JS 监听按钮的单击事件，事件处理函数中对变量值进行加 1 计算，无须操作 DOM，页面自动更新。

代码很简单，看一下 client/main.html 和 client/main.js 就可以大致明白其思路和做法了。

虽然在默认代码中没有涉及数据库，但数据库操作也很简单，直接用 JS 处理 JSON 结构的文档对象，插入的数据和查询结果都是 JSON 结构。

通过简单比较，Meteor 的开发过程确实非常便捷，因为 Meteor 帮我们做了很多幕后工作。而且通过后续的介绍和实践你还会发现 Meteor 更多强大之处。

1.3 Meteor 的工作原理

1.3.1 工作流程

Meteor 在工作方式上进行了较大创新，和传统 Web 应用区别较大。下面先回顾一下传统应用的工作流程，如图 1.2 所示。

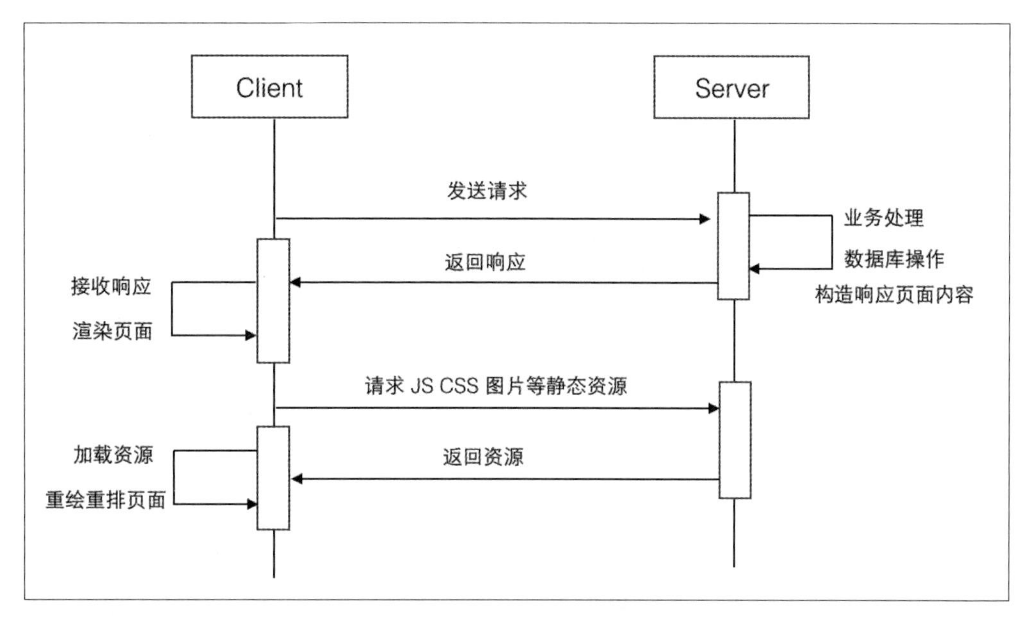

图 1.2　传统应用工作流程

客户端（Client）负责向服务器请求所需的数据、资源，然后渲染显示；服务器端（Server）负责业务处理、数据库操作、构造响应内容、资源管理，服务器端的责任大、任务重。其各自职责关系如图 1.3 所示。

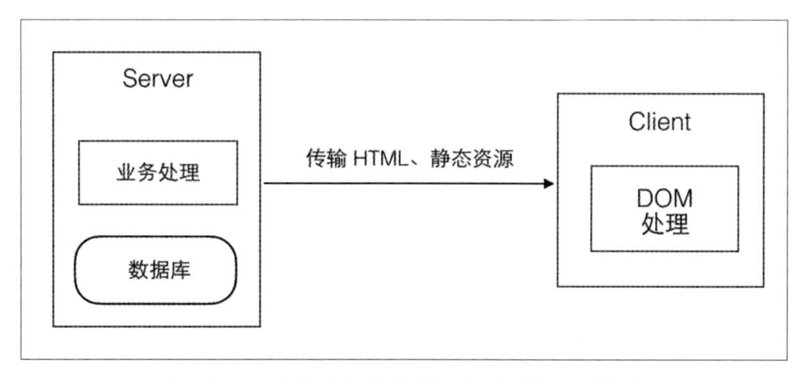

图 1.3　传统应用服务器端与客户端的主要职责

Meteor 的工作方式更像是手机 APP。客户端首次访问 Meteor 应用时，会从服务器把需要用到的资源都加载到客户端，如 JS、CSS、字体、图片，并创建一个 mini 数据库。然后和服务器端建立好数据通信的通道。之后，用户操作应用过程中涉及业务操作时，也是在客户端进行处理；进行数据库操作时，也是操作客户端的

mini 数据库。服务器端只负责向客户端传输数据、数据的安全写入，以及执行一些只能在服务器端进行的操作，例如发送 email，如图 1.4 所示。

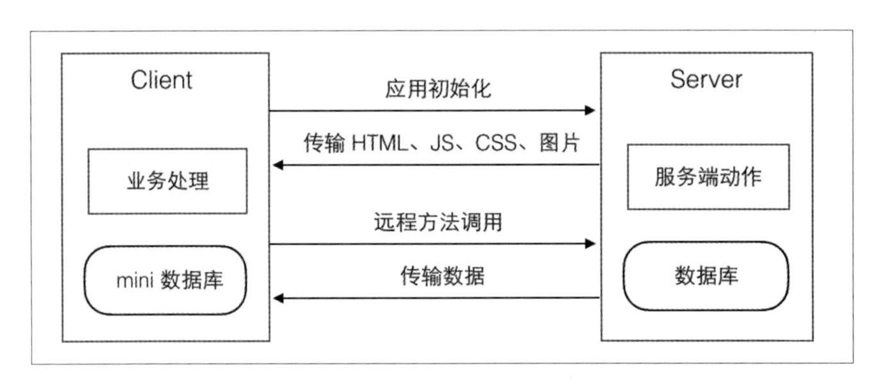

图 1.4　Meteor 中客户端和服务器端的工作流程

Meteor 应用的客户端包含了应用所需的静态资源、业务处理代码、一个简化的数据库。如手机 APP 一样，很多操作直接在本地完成，需要执行特定动作和需要数据时才请求服务器端。

所以相比较于传统 Web 应用，Meteor 选择了重客户端、轻服务器端的模式，充分利用现代客户端强大的运算能力，减轻服务器端的压力。

1.3.2　核心技术

Meteor 的工作方式必然需要一些特定的技术来支持，让我们来了解一下 Meteor 的几个核心技术。

1. mini 数据库（mini-database）

Meteor 的底层技术中首先吸引我的就是客户端的 mini 数据库。Meteor 目前支持的数据库是 MongoDB，所以客户端的 mini 数据库就是 miniMongo。

对于开发人员来讲，miniMongo 就像是一个真实 MongoDB 数据库，可以进行各种增删改查的操作，和 MongoDB 的 API 完全一致。

miniMongo 的主要作用是缓存数据，相当于服务器端数据库的局部镜像，它不会缓存全部数据，只是缓存当前客户端用到的数据。

使用 miniMongo 的效果就是应用运行非常快，而且提供了更好的用户体验。例如用户保存了一条数据，Meteor 会先保存到 miniMongo，保存成功后立即反馈给用户，体验极其顺畅；同时 Meteor 会把数据同步到服务器端的真实数据库中，这个过程对于用户和开发者都是透明的。

那么如果网络出现问题，或者后台数据库操作时出现问题时，数据没有同步成功怎么办？

当客户端发现没有同步成功后，会通知用户出现了问题，页面执行相应的错误处理逻辑。例如用户保存了一条数据，数据先被写入 miniMongo，然后反馈用户操作成功，同时后台进行数据库同步。万一服务器端操作失败，会通知客户端，客户端会告知用户之前的操作有问题，并执行相应的错误处理流程。

2. Tracker

Tracker 提供了响应式应用的基础功能。下面先简单了解一下什么是响应式。以之前创建的项目为例，页面中有一个按钮，单击按钮后，页面中显示的那一个数字自动加 1。通过查看代码，代码的逻辑如图 1.5 所示。

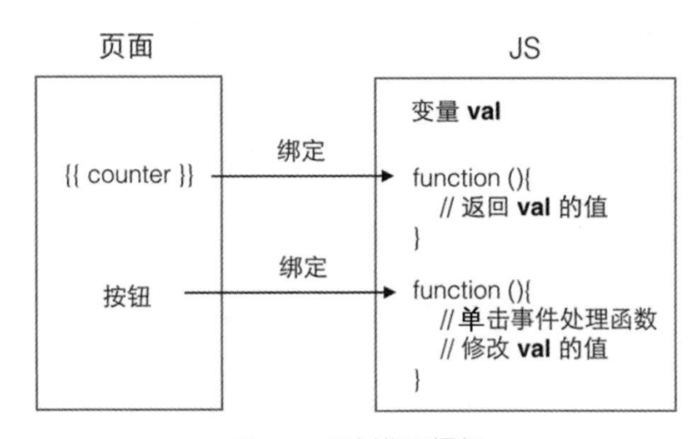

图 1.5　示例代码逻辑

{{ counter }} 通过函数关联了 val 变量，按钮单击事件的处理函数中修改了变量 val 的值，并没有更新页面中的内容，但 {{ counter }} 自动更新了，这就是响应式。

响应式的背后技术基础就是 Tracker。Tracker 会跟踪目标数据，当其有任何变化后，都会重新计算使用到目标数据的地方。

在上面的示例中，变量 val 是一个响应式变量，会被 Tracker 跟踪，{{ counter }} 是变量 val 的消费者，当 val 被修改后，Tracker 便通知它的消费者进行更新。

3. DDP

DDP 是一个数据传输协议。Web 应用通常会使用 HTTP，为什么还要使用 DDP

呢？因为 HTTP 适合传输 document，而 Meteor 中主要是传输数据，HTTP 在这方面就不太适合了，所以需要使用专门用于传输数据的 DDP。

DDP 基于 websockets，实现了全双工的数据传输，这一点也优于 HTTP。如果使用 HTTP，则只能是客户端请求服务器获取数据，服务器端无法主动向客户端发送数据，而 DDP 的双向机制使数据传输更加主动、灵活。

DDP 使用 JSON 格式封装数据。因为 MongoDB 存储的文档结构是 JSON，客户端的 JS 对 JSON 的处理也是非常方便的，所以 DDP 协议使客户端和服务器端的数据沟通变得极其自然。

DDP 协议也是响应式功能的基础。因为通过 DDP，服务器端可以主动向客户端发送数据，所以当数据库中有任何变化时，都可以立即通知客户端，客户端便可以进行更新操作，以快速响应。

1.4 Meteor 为什么快

通过前面的了解和体验，我们对 Meteor 已经有了一个大概的印象——使用 Meteor 开发会比较快。现在我们总结一下，是哪些特性成就了 Meteor 的快。

1. 全栈使用 JS

整个开发过程都使用一个语言必然会降低技术复杂度，而且 JS 的普及度很高，做 Web 开发的技术人员对 JS 都比较熟悉。

而传统网站开发过程中通常会用到多种语言。例如 PHP 开发，需要 JS+PHP+SQL；同样，如果选择 Java，就需要 JS+Java+SQL。

多种语言的混合使用，学习成本和语言间的沟通成本一定大于单一语言。

2. 代码复用

即使全栈都使用 JS 开发，也不一定可以代码重用。例如在有的开发平台中，前端使用 AngularJS，后端使用 Express，虽然均使用 JS 开发，但代码完全无法复用。

Meteor 中的前后端大量代码可以同时使用。例如数据库操作对象，在客户端操作的是 miniMongo，在服务器端操作的是真实的 MongoDB，但使用的代码就是一套，开发者也不用关心这个代码是用在客户端还是在服务器端。

3. CLI 做好了后勤工作

在之前创建项目时，使用了一个命令 meteor create，这就属于 Meteor 中的 CLI 部分。CLI 是 command-line interface 命令行界面的意思，是 Meteor 中非常重要的组成部分。

CLI 的具体功能如下：

- 创建新应用。
- 向项目中添加 / 删除扩展包。
- 对项目中的 JS CSS 文件进行编译和压缩，例如使用 LESS 开发 CSS，CLI 中的命令就可以对其进行编译。
- 对应用进行管理，例如运行、重置、监控等。
- 提供了 MongoDB shell 终端。
- 对项目进行编译打包。

Meteor 把大量的烦琐和重复性的工作都封装到了 CLI 中，以命令的形式供开发者调用。在传统 Web 开发中很少有能提供这么全面功能的框架，如果自己开发这些功能，将耗费很多的工作量。

4. 响应式

响应式这个功能可以减少非常多的代码，例如，大大减少 DOM 更新操作。如果没有响应式，就需要自己操作 DOM。再比如数据库中的数据变化后，如果页面中使用到了此数据，就会自动更新；如果没有响应式，就需要自己编码检查数据的变化——如果有变化，从数据库获取数据，更新页面中的相关 DOM 内容。

5. 前后端的数据同步采用异步方式

用户在客户端写入新数据后，不需要等待服务器端数据库的写入结果，只要数据成功保存在 miniMongo，用户就可以得到反馈，Meteor 负责在后台自动向服务器端发送数据，执行同步操作。

在传统 Web 开发中，例如新数据通过 Ajax 发送给服务器端，服务器端真实写入数据库后返回结果信息，在 Ajax 的回调方法中再反馈给用户，用户会明显感知到这个过程的延时；而在 Meteor 中，由于 miniMongo 的存在，用户体验的顺畅感如同本地应用。

1.5 优势与不足

对于任何一项技术，都有其擅长的领域，也有其不擅长的地方。下面就看一下Meteor的优势和劣势。

1.5.1 优势

Meteor作为一站式的全栈开发平台，使用一种开发语言就可以贯穿前后端的开发，具有方便的数据交换协议、繁荣的生态等特质，使Meteor自然地具备了很多优势，如下所示。

- 易学

  使用Meteor可以快速看到效果，这对学习者来说是一个很大的激励。

  Meteor提供了一套通用JavaScript API，开发者无须深入研究某个特别的前端库，或者某个后端框架，了解基础的JavaScript就足以起步了。

- 偏向客户端

  现在的应用都非常注重用户端的体验，为了提升客户端的智能效果，就需要客户端与服务器能够双向沟通，需要服务器可以推送数据给客户端。

  Meteor使用的DDP协议就可以自动实现全双工通信，开发者无须为此费心。

- 响应式

  在目前很多应用的开发中，处理事件（用户单击了某些元素后触发某动作，如更新数据库，或者更新当前视图）的代码是一个重要部分。

  在响应式编程中，这类事件处理函数的工作就减少了。

  响应式是Meteor的主要特征，所以Meteor非常适合如实时聊天或者在线游戏类的应用。

- 代码高度重用

  与Java一样：写一次，到处运行。

  基于Meteor的同构特性，相同的代码可以运行于客户端，也可以运行在服务器端，运行在手机移动端也没问题。

- 强大的CLI命令行工具

  Meteor提供了一个命令控制台工具，用来辅助整个开发过程（具体功能上面有描述）。

- 健康的生态系统

  Meteor 还是一个生态系统，拥有大量的扩展包，提供了非常丰富的功能。这减少了开发者的很多工作量，而且众多开发者还在不断分享更多的扩展包。

1.5.2 弱势

虽然使用 Meteor 可以开发很多类型的应用，但在有些情况下，还是建议选择其他的开发平台。毕竟 Meteor 不是全能的，有其自身的弱项，在以下一些方面存在不足。

- 运算密集型应用

  Meteor 是基于 Node.js 的，Node.js 本质上是单线程处理模式，不能很好地利用多处理器，所以 Meteor 不能提供很强的计算能力。

- 成熟度

  Meteor 毕竟还很年轻，在大型应用方面还没有成熟的案例，Meteor 在大型部署和处理高请求压力方面还需证明自己。

  在社区方面，尽管 Node.js 的社区已经非常成熟，对大家帮助很大，但它还是没法和老牌语言的社区相比，如 PHP、Java。

  在主机环境方面，支持 Meteor 的主机仍大大少于支持 PHP、Python 等语言的主机。

- 约束少

  在 Meteor 中，对于项目的结构方面没有严格的规定。其好处是很自由，但同时也是缺点。在一个人开发时，没有约束意味着开发速度快；但是在团队中，还是有清晰、固定的结构比较好，便于协作开发。

- SQL

  如果你的项目一定要使用 SQL 数据库，那么目前 Meteor 还无法满足此需求。现在 Meteor 官方支持的数据库只有 MongoDB。虽然已经计划支持 SQL 数据库，还有社区成员修改为支持 SQL 的成功案例，但毕竟尚未成熟支持。

- 静态化内容

  类似新闻类型的网站，很多内容都已经生成为静态化的文件。客户端发送请求给服务器，服务器返回静态化 HTML 内容，这个场景更适合使用传统

Web 平台——可以充分利用服务器的静态内容缓存——用户请求一个新闻页面，服务器端从缓存获取静态化文件，直接返回给用户，速度非常快。

而使用 Meteor 则利用不到 Meteor 的任何优势。因为 Meteor 的优势是响应式和强大的交互通信协议，静态类型的网站自然不需要这些特质。

- 初次加载时间

  如果对于加载时间有较高要求，就不适合使用 Meteor。因为 Meteor 初次加载慢、后期访问快，初始访问时会相对耗时，需要加载很多静态资源。

1.5.3 关于质疑

Meteor 的快速发展过程中也伴随着不少的质疑，例如，Meteor 不适合大型项目的开发，Meteor 的实时机制以及长连接会占用很多系统资源导致 Meteor 的性能很差，等等。

对于这些质疑，如何回应本身没那么重要，最关键的是我们面对这些质疑的心态。因为质疑是源自他人的自身感受，并不是非常客观的定论。这就需要我们有正确的思维角度，而不是简单否定或肯定。

例如，面对“Meteor 不适合大型项目的开发”这个结论，我们可能需要考虑，是还没有大型项目真正去使用 Meteor，还是很多大型项目使用 Meteor 后遇到了很多问题；如果是真正遇到了麻烦的问题，那么这些问题是 Meteor 自身机制导致的，还是由于使用者对 Meteor 不够熟悉而没有找到好的解决办法。

再比如性能问题。Meteor 把很多逻辑移到了前端执行，利用了更多的客户端处理能力，减轻了服务器端的压力；同时，实时机制也的确增加了服务器端的压力。那么此类机制具体增加了服务器的多少性能消耗？这两方面相比较的话，具体是好处更多还是负面影响更大？

很多问题需要我们根据自己的实际情况来分析，根据利弊的分析与总结来下结论。即使同一个项目，在不同的发展阶段也会根据不同的需求和面临的不同问题，而使用不同的技术。例如，京东初期使用 ASP.NET，随着规模的不断壮大，逐渐改为 Java；Facebook 初期使用 PHP 开发，后来性能无法满足其要求，便自行研发 PHP 虚机来提升性能。

Meteor 成长于创业孵化器。在这个环境下，Meteor 自然会更加关注创业团队的开发问题，希望创业项目能够快速迭代，尽可能快地根据用户反馈来改进。因此便形成了其自身的鲜明特性：开发速度快。

所以，应该根据自身项目的需求定位和发展阶段来分析技术，不能感觉 Meteor 有很多好处就贸然采用，也不要因为他人的质疑而轻易否定。

1.6　本章小结

本章中通过简单的介绍和实际体验，使读者对 Meteor 有了一个初步了解。但大家可能对其中的一些概念和技术都不太理解。对于新技术的学习，在刚开始时不用追求全面熟悉，有一个整体性的认识就好；在后面的学习和实践中自然会对各方面的细节加深了解，实践得多了，就能逐渐融会贯通。

第2章 快速入门

第 1 章让我们对 Meteor 有了一个整体性了解，本章开始就准备真正走进 Meteor 了。首先是搭建 Meteor 环境；然后分析默认项目的代码，熟悉 Meteor 的大致用法；最后推荐一些工具和网站，这对之后的 Meteor 开发大有帮助。

2.1 安装环境

和其他的 Web 开发平台相比较，Meteor 的安装要简单得多，Meteor 采用自包含的安装方式，无须开发者提前准备任何其他软件。

Meteor 的安装命令会自动安装 Node.js 和 MongoDB，并且和本机其他安装包并不冲突。

Meteor 目前支持的操作系统有 OS X、Windows、Linux。

具体版本如下：

- Mac OS X 10.7（Lion）及之后版本
- Linux（x86 和 86_64）
- Windows 7、Windows 8.1、Windows 10、Windows Server 2008、Windows Server 2012

1. 在 Linux 和 Mac OS X 中安装 Meteor

在 Linux 和 Mac 中的安装只需要执行一条命令：

```
$ curl https://install.meteor.com/ | sh
```

这个命令会自动下载并安装 Meteor 所需的所有软件，并使 Meteor 的 CLI 命令控制台工具全局可用。

如果以后你想卸载 Meteor 时，则只需删除 /usr/local/bin/meteor 这个文件，以及你的 home 目录下的 .meteor 文件夹。

2. 在 Windows 中安装 Meteor

下载 Meteor 官方的 installer，地址如下：

```
https://install.meteor.com/windows
```

下载完成后，双击安装文件执行安装。在安装过程中会让你创建开发者账号之类的，如果你暂时不需要，可以跳过。

当安装完成后，就可以在命令行下使用 CLI 工具了。

2.2 默认项目分析

创建项目之后，目录结构如图 2.1 所示。

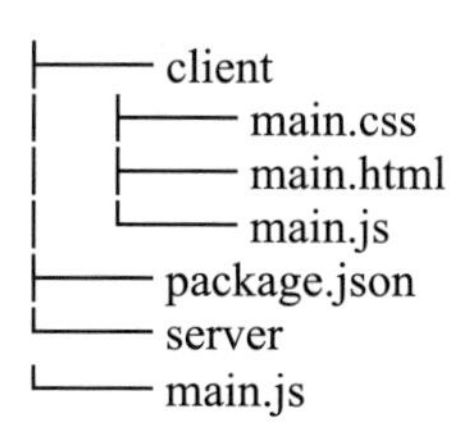

图 2.1 目录结构

这里包含了两个目录：/client 中的文件是运行在客户端的，以后开发时，客户端的代码都放在这个目录下；相对应地，/server 下的文件是运行在服务器端的，服务器端功能代码放在这里。

划分这两个目录就是为了清晰地分隔文件的运行位置，保证代码的安全性。因为 Meteor 中的代码是可以同时运行于客户端和服务器端的，所以需要有一个分离的机制。

下面了解一下各个文件的具体用途。

- client/main.css

  CSS 样式文件，定义应用样式的代码可以写在这里。

- client/main.html

  默认项目的主页面，显示的内容都定义在这里。

- client/main.js

  配合 main.html 的 JS 文件，包括显示相关的逻辑代码和事件处理代码。

- server/main.js

  服务器端 JavaScript 加载入口文件。

- package.json

  包控制文件，定义了项目需要用到的扩展包。

接下来对每个文件中的代码大概分析一下，以便对 Meteor 的开发方式有个初步印象。

（1）server/main.js

```
import { Meteor } from 'meteor/meteor';
Meteor.startup(() => {
// code to run on server at startup
});
```

import 是 ES6 标准中的新语法，用于模块引用。

```
import { Meteor } from 'meteor/meteor';
```

就是从 Meteor 的标准库中引用 Meteor 对象。

```
Meteor.startup(() => {
// code to run on server at startup
});
```

可以在此方法体中写入期望在应用启动时执行的动作。

如果对新的 ES6 代码不熟悉也没关系，在本书后续学习和实践中并没有使用 ES6 语法，还是采用老的代码方式。

（2）client/main.css

这个文件初始时为空，你可以在其中自定义应用的 CSS 样式，会立即生效。

例如，在其中添加一行样式代码：

```
body { background: red; }
```

页面背景马上变为红色。

（3）client/main.html

```
<head>
    <title>simple</title>
</head>

<body>
    <h1>Welcome to Meteor!</h1> {{> hello}} {{> info}}
</body>
<template name="hello">
    <button>Click Me</button>
    <p>You've pressed the button {{counter}} times.</p>
</template>
<template name="info">
    <h2>Learn Meteor!</h2>
    <ul>
        <li><a href="https://www.meteor.com/try">Do the Tutorial</a></li>
        <li><a href="http://guide.meteor.com">Follow the Guide</a></li>
        <li><a href="https://docs.meteor.com">Read the Docs</a></li>
        <li><a href="https://forums.meteor.com">Discussions</a></li>
    </ul>
</template>
```

这里面有 3 个顶级标签：head、body、template。

你可能已经发现，没有 HTML 标签。因为 Meteor 会自动添加，无须我们来写。

其中大部分是常规的 HTML 标签，我们就看看特殊的部分吧。

首先是 {{> hello}}。双花括号 {{ }} 表示此处要引用动态内容，大于号 > 表示要把某个模板的内容替换到当前位置，hello 就是要引用的模板的名称。

<template> 这个标签用来定义一个模板，name 属性指定模板的名称，这个名称

要求全局唯一，并且大小写敏感。

Meteor 启动时，会解析所有的 HTML 文件，识别出所有模板，进行统一管理，运行过程中将其放到需要的位置。

在 hello 的模板内容中有 {{counter}}，已经知道花括号表示引用动态内容，那么 counter 是什么？ counter 是一个函数，所以此处需要 JS 文件的配合，要注入一个名为 counter 的函数的返回值。

每个模板都可以有一个配对的 JS 文件，用来处理模板中的动态内容。

（4）client/main.js

```
import {
    Template
} from 'meteor/templating';
import {
    ReactiveVar
} from 'meteor/reactive-var';
import './main.html';
Template.hello.onCreated(function helloOnCreated() {
    // counter starts at 0
    this.counter = new ReactiveVar(0);
});
Template.hello.helpers({
    counter() {
        return Template.instance().counter.get();
    },
});
Template.hello.events({
    'click button' (event, instance) {
        // increment the counter when button is clicked
        instance.counter.set(instance.counter.get() + 1);
    },
});
```

至于 import，大家已经了解，是引用所需的模块或者文件。

Template.hello.onCreated() 是指名为‘hello’的模板在被创建时执行的动作。这里定义了一个响应式变量 counter，并设置初始值为 0，其中的 this 关键字指向当前模板的实例对象。

Template.hello.helpers()：每个模板都有一个 helper，辅助模板处理业务逻辑。这里定义了 counter 函数，返回了变量 counter 的值。

Template.hello.events({...})：每个模板都有一个 events 函数，其中可以定义各个事件的处理方法。

'click button'(event, instance) 用来定义事件处理函数，其含义是监控 button 元素的单击事件，传给事件处理函数两个参数，event 为事件对象，instance 为模板实例对象，通过 instance 可以访问此模板中的属性。

事件处理函数的代码如下：

```
{
instance.counter.set(instance.counter.get() + 1);
}
```

表示先取得模板实例对象中的 counter 变量值，然后执行加 1 操作，再把结果值设置给模板实例对象中的 counter 变量。因为变量 counter 是响应式变量，只要 counter 值发生变化，所有使用到此变量的地方都会自动更新。也就是 helper 中的 counter() 函数会重新计算，所以页面中的数值就会自动变化。

至此，我们对 Meteor 的默认项目已经有了初步了解。

2.3　资源推荐

本节中推荐的一些非常有用的资源，可以说是 Meteor 开发的必备之物，能够帮助大家更好地学习和应用 Meteor。

1. 提高开发效率的小工具

下面先介绍几个提高开发效率的小工具。

（1）使用 Robomongo 连接数据库

Robomongo 运行效果如图 2.2 所示，它是一个可视化的 MongoDB 客户端，比起 shell 命令终端要方便很多，可以连接指定的 MongoDB，对集合进行查询、插入、修改、删除等操作。在开发过程中能够直观地操作数据库会非常高效。

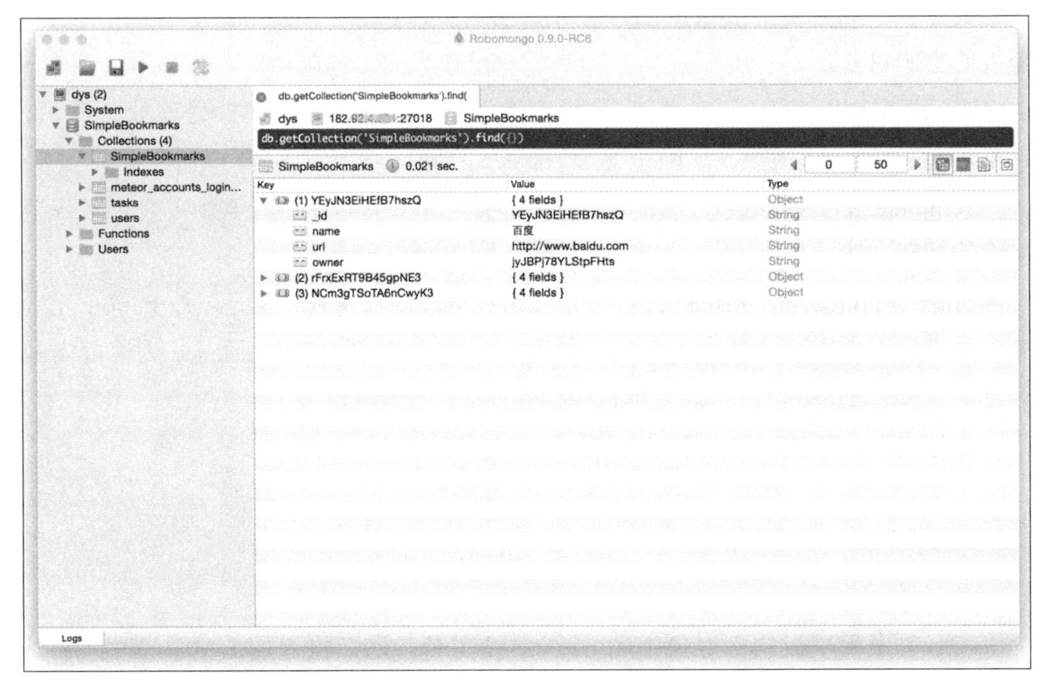

图 2.2 Robomongo 界面

（2）使用 Dash 离线查看文档

文档是经常需要查看的，但在线查看不太顺畅。因为需要网络访问，所以必定有一些延迟，尤其 Meteor 是国外网站，速度会更慢一些。如果能够离线查看文档，就会方便很多。Dash（见图 2.3）是一个很棒的工具，可以离线非常多的技术文档，其中就包括 Meteor，还可以下载自己常用的其他文档，例如 MongoDB、MySQL、JQuery 等。

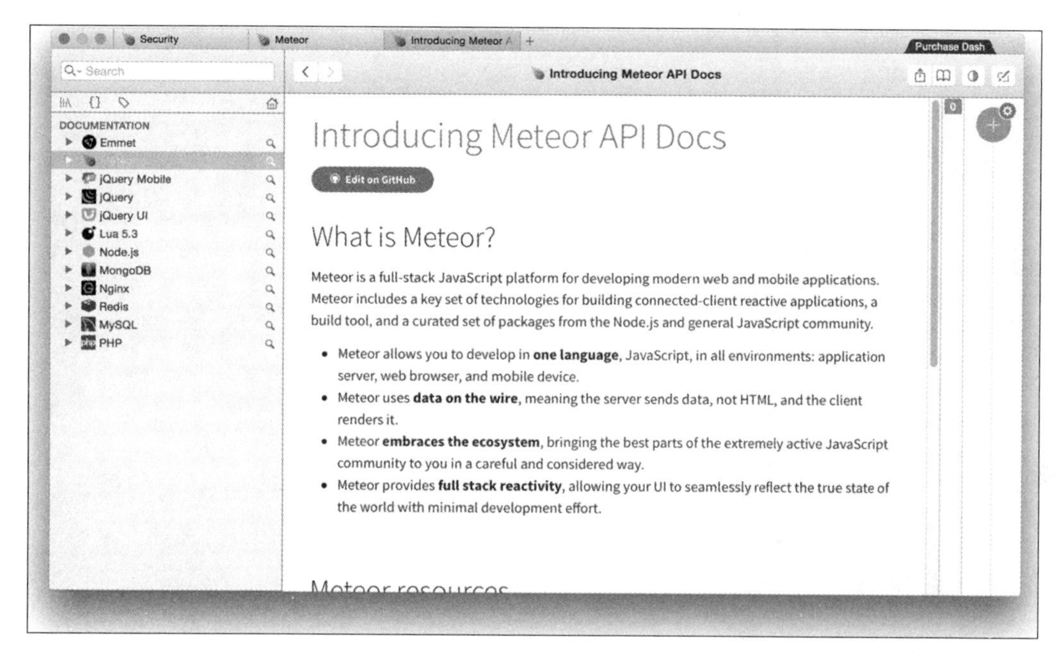

图 2.3　Dash 界面

（3）客户端数据管理工具 mongol

Meteor 采用富客户端机制，包含 miniMongo 数据库，客户端中会包含很多数据。如果在浏览器中就可以查看这些数据，并且可以修改、调试，一定会大幅提高效率。mongol 就是这样的一个工具，它可以用来辅助开发过程中的调试。

mongol 是一个扩展包，在项目目录下使用命令来安装即可。

```
meteor add msavin:mongol
```

完整完成后访问应用，使用 Control + M 组合键就可以打开 / 关闭 mongol 的界面，如图 2.4 所示。

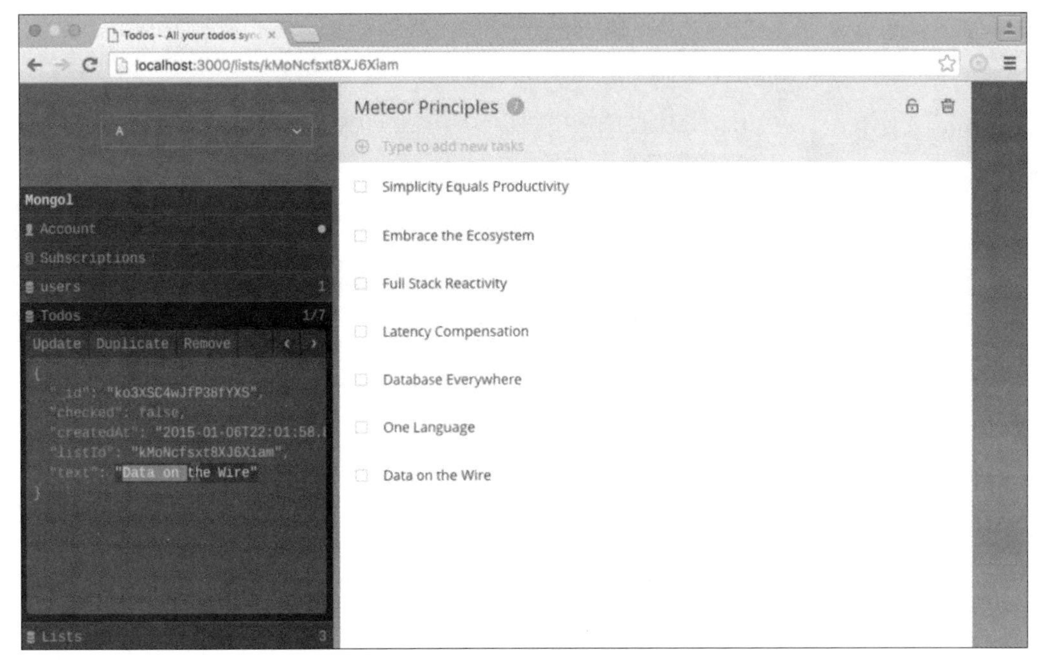

图 2.4 mongol 运行效果

2. 必备网站

介绍完了几个常用工具，下面介绍一些必备网站，开发过程中会时常用到这些网站，建议收藏。

（1）官方示例教程

官方示例教程网址如下：

https://www.meteor.com/tutorials/blaze/creating-an-app

有 Meteor 方面的问题时，最适合提问的地方就是 stacoverflow：

http://stackoverflow.com/questions/tagged/meteor

（2）官方 API 文档

http://docs.meteor.com/

（3）官方指导说明

http://guide.meteor.com/

（4）Meteor 扩展包的资源中心

https://atmospherejs.com/

2.4 本章小结

本章的重点是默认项目的代码分析。代码不多，但由于使用了新的 ES6 语法的代码，因此在代码的理解上带来了一些难度。不过也没关系，大家不必研究语法细节，理解代码的整体逻辑就好——主要就是模板的定义，以及与模板对应的 helpers 和 events 的定义，还有响应式的大致思路。

现在已经搭建起了环境，了解了 Meteor 项目的基本结构，准备好了必要装备，接下来就要在实践中深入学习 Meteor 开发的各方面知识了。

第3章 模板系统

现在开始进入重点知识学习阶段。首先要学习的就是模板，模板是 Meteor 开发中的基础部分，负责整个应用的所有展示性工作。本章的主要内容包括：模板的定义方式、模板中的动态数据如何获取、如何处理与用户的事件交互。

3.1 模板介绍

Meteor 开发的是单页应用，不像普通网站那样以页面为单位。在 Meteor 应用中，只有一个主页面，任何看似是页面的切换，其实页面并没有发生跳转，都是在此页面中进行模板的变换。所以，模板是应用中的基础组成部分。

1. 模板结构

模板是一个 UI 块，用来帮助我们构造一个动态显示区域。

例如一个用户信息列表，其中的用户数量、每个用户的信息都不是静态的，就需要用模板来构造这个列表。

大体结构如下：

```
<ul>
<!-- 循环使用下面的代码结构显示每个用户信息 -->
```

```
<li>姓名：{{ name }}，年龄：{{ age }} </li>
</ul>
```

这部分 HTML 代码负责定义展现形式，由两部分组成：一是静态的 HTML 代码，二是动态占位符，其中的动态数据需要由处理应用逻辑的 JavaScript 代码来提供。

有展现形式和数据，模板就可以正常显示了。但为了页面的美观，通常还需要 CSS 样式文件、图片、字体等静态资源。

这样，一个模板及其相关的组成部分就清晰了：

- HTML 文件——静态结构布局代码和动态数据的占位符。
- JavaScript 文件——提供 HTML 模板中所需的动态数据和交互处理。
- CSS 文件——模板的展现样式。
- 图片、字体等资源文件——辅助资源。

HTML 文件是一个模板的必需部分，其他都是可选的。但 JavaScript 文件通常也是必需的，因为毕竟很少有不需要动态数据，而只使用静态内容的情况。

所以模板的核心组成部分就是一对 HTML、JS 文件，约定俗成的命名方式是：

```
template_name.html
template_name.js
```

2. 模板引擎

在上面的示例中，HTML 部分有循环控制，有动态信息的占位符，那么是谁负责对循环的语句进行解析和执行的呢？占位符部分是如何替换为真实数据的？真实数据是怎么关联到模板的？这些复杂的问题都是由一个核心部件来处理的，这个核心就是模板引擎。

Meteor 的默认模板引擎是 Blaze，这是一个简洁、好用的响应式 UI 库。

Blaze 的核心包括以下两个部分。

（1）runtime API

Blaze 是一个响应式 UI 库，那么什么是响应式？第 1 章中简单介绍过，这里我们再说明一下，以便读者加深理解。

假设数据库中有 3 个用户记录，打开页面时，用户列表便会显示 3 个用户信息。这时，管理员在后台删除了一条用户记录，而页面中马上自动更新了用户列表，被删除的用户不再显示，这就是响应式。前台的用户列表并没有主动监控数据变化，而是数据变化后列表就自动变了。

相对应的是“非响应式”，也就是我们常见的页面。后台数据变化后，页面不会自动响应，需要刷新后才能看到新的效果。

这个“响应式 UI”的功能就是通过 runtime API 实现的。runtime API 负责渲染模板中的 DOM 元素，自动跟踪每个动态元素的依赖。当其依赖的信息发生变化时，马上更新相关联的 DOM 元素。

例如上面的用户列表，如果数据库中某个用户的 name 改变了，页面中显示的 name 会马上变为最新的。

（2）compiler

模板的 HTML 代码中包含静态的 HTML 代码和动态的逻辑控制、占位符，所以，它已经是一个简单的程序了。既然是程序，就需要编译；不然，逻辑控制就无法实现，占位符也无法被解析。

compiler 就是负责编译工作的，把 HTML 模板代码编译为 JS 代码，然后 runtime API 才能进行后续工作，实现“响应式”等强大的功能。

Blaze 有动态更新的能力，当模板相关的任何文件（HTML、CSS、JavaScript）有改动时，Blaze 会立即在浏览器中自动刷新。

通过简单了解，已经可以看到 Blaze 的强大。模板数据变化后的自动更新、资源文件变化后的自动刷新，这些方便的功能都由 Blaze 自动完成。接下来我们学习一下如何使用 Blaze 完成模板的开发。

3.2 模板的核心用法

3.2.1 基础标签

回顾一下前面创建新项目中的 HTML 文件：

```
……
<body>
  <h1>Welcome to Meteor!</h1>
  {{> hello}}
  {{> info}}
```

```
</body>
<template name="hello">
  <button>Click Me</button>
  <p>You've pressed the button {{counter}} times.</p>
</template>
……
```

看到这个代码，感觉很熟悉，因为里面有我们常用的花括号 {{ ... }}，很多语言的模板库都会使用这个符号。

这个花括号 {{ }} 也是 Blaze 模板的基础标签，使用了这个标签就是在告诉模板引擎“此处要替换为动态内容”。

上面的代码中使用的是两个花括号 {{ ... }}。其实还有 3 个花括号 {{{ ... }}} 的用法，那么它们的区别是什么呢？

双花括号 {{ ... }} 是用来向 HTML 中插入字符串的（注意，是插入字符串）。不管 {{ ... }} 内的表达式的值是什么类型，例如字符串、数组、对象等。都会被当作字符串处理。而 3 个花括号 {{{ ... }}} 则不会处理，直接输出给浏览器。

下面通过实际应用来加深了解，在默认项目的 main.html 中添加一个双括号标签，例如：

```
<template name="hello">
  <p>{{ name }}</p>
  ......
</template>
```

然后在模板 helper 中给 name 一个返回值，我们不返回一个普通的字符串，而是返回一个带有 HTML 标签的字符串，看看是什么效果。

修改 main.js：

```
Template.hello.helpers({
  counter() {
    return Template.instance().counter.get();
  },
  name : function (){ return "<strong>括号</strong>" ; }
});
```

在浏览器中查看，可以看到，输出的内容和代码中的返回值一样，并没有处理

HTML 标签，只是作为普通的字符串输出。

下面看一下 3 个花括号 {{{ ... }}} 的效果。把上面的 {{ name }} 改为 {{{ name }}}，然后在浏览器中查看效果，可以看到，显示的内容只有“括号”两个字了，而且变为粗体。

通过这个简单的示例，我们直观地体验了 {{ ... }} 与 {{{ ... }}} 的区别。简单来说，{{ ... }} 会对要输出的内容进行转换处理，避开不安全字符，统一转为字符串；{{{ ... }}} 则不进行处理，直接输出，让浏览器来处理。

建议尽量使用 {{ ... }}，因为它比较安全。如果想要使用 {{{ ... }}}，那么一定要自己进行安全过滤；否则，很容易受到诸如 CSS 跨站脚本等的攻击。

3.2.2 模板的定义

使用 template 标签块来定义一个模板，标签中必须有一个名为 name 的属性，指定此模板的名称。需要注意，模板的名称必须在整个应用内都是唯一的，不可重复。

```
<template name=" 模板名称 ">
    <!-- 模板的内部代码 -->
</template>
```

定义模板的位置比较随意：可以多个模板定义在一个文件中；也可以在一个单独文件中定义，就像前面建议的那样，使用 template_name.html 定义模板，这样非常便于维护，可以多人同时开发不同的模板。

3.2.3 模板引用与嵌套

例如，默认项目下 main.html 中的 body 代码块之内引用了模板：

```
{{> hello}}
```

表示此处要插入名称为“hello”的模板内容。

模板引用标签非常灵活，可以在 body 中引用某个模板，也可以在模板代码内引用其他模板。例如在 hello 模板的定义代码内引用另一个模板，这就是模板的嵌套使用，示例代码如下：

```
<body>
...
```

```
{{> hello}}
</body>

<template name="hello">
...
{{> world}}
...
</template>

<template name="world">
...
</template>
```

模板嵌套的方式使得模板维护极其方便，可以保证每个模板都很小巧，只表达一件事情。

1. 模板分割

如果某个模板比较复杂，则建议对模板进行分割。使用模板嵌套的方式，把独立的区域封装为单独的子模板，嵌入父模板中，这样每个模板都很小，责任单一，也利于多人协作开发，例如：

```
<template name="info">

<!-- 左侧部分 -->
<div class="left">
    <img src="{{image}}">
    <div> 其他代码 ...... </div>
</div>

<!-- 右侧部分 -->
<div class="right">
    <ul>
        <li class="item"> ...... </li>
        <li class="item"> ...... </li>
    </ul>
    <div> 其他代码 ...... </div>
```

```
</div>

</template>
```

这个模板不是特别复杂，但你可以把它想象得更大、更复杂，那么其代码一定是可读性差、难维护的。所以，最好是把每个部分分为独立的模板，然后嵌入其中，例如：

```
<template name="info">

<!-- 左侧部分 -->
<div class="left">
    {{> info_left}}
</div>

<!-- 右侧部分 -->
<div class="right">
    {{> info_right}}
</div>

</template>

<template name="info_left">
  ......
</template>

<template name="info_right">
  ......
</template>
```

2. 动态引用模板

之前都是使用静态方式引用模板，直接指定要引用的模板名称。其实也可以使用动态的方式引用模板，例如：

```
// 模板 HTML 文件
<template name="dynamic">
<div class="subTemp">
```

```
    {{> Template.dynamic template=templateDynamic }}
</div>
</template>

// 模板 JS 文件
Template.dynamic.helpers({
    templateDynamic: function () {
        return "userInfo";
    }
});
```

使用动态的方式可以更加灵活，可以根据业务逻辑来决定使用哪个模板。

3.2.4　流程控制指令

模板中常常会用到逻辑操作，例如本章开头的用户列表示例，需要对多条用户数据进行循环显示。之前用的是伪代码，真实的循环控制代码是这样的：

```
<ul>
{{#each users}}
<li>姓名：{{ name }}，年龄：{{ age }} </li>
 {{/each}}
</ul>
```

再比如用户登录前显示登录按钮，登录后需要显示欢迎信息，就要用到 if 判断。

```
{{#if isLogin}}
    <p>欢迎您</p>
{{else}}
    <button>登录</button>
{{/if}}
```

模板中的控制指令就是在模板内部使用判断、循环等操作，根据动态条件决定如何在界面显示。

Blaze 的控制指令比较简单，内置的常用指令有 4 个：if、unless、with、each。

1. #if

和其他语言中的 if 一样，对一个条件进行检查。如果结果为 true，便执行其代码块中的动作，在模板环境中，则是显示其中的内容，示例如下：

```
<div>
{{#if image}}
    <img src="{{image}}" />
{{/if}}
</div>
```

这个代码中的 if 会计算 image 的值，如果为 true，便显示其中的 img 标签。

那么 if 认为哪些情况是 true 或 false 呢？

- 以下情况为 false

  布尔值 false，数字 0，空字符串 ""，null（不存在的对象），undefined（未初始化的变量），NaN（预期是数字，但结果不是数字），空数组 []

- 其他则为 true

  if 指令同样是支持 else 的，例如：

  ```
  {{#if image}}
      <p>显示图片 <img src="{{image}}"/></p>
  {{else}}
      <p>没有图片</p>
  {{/if}}
  ```

需要注意的是，不存在 {{elseif}} 这个指令。如果想处理这种多选择的情况，则需要使用嵌套的 if-else 结构。

2. #unless

与 #if 相反的就是 #unless，只有当判断条件返回 false 时，才处理其代码块中的内容，示例如下：

```
<template name="test">
    {{#unless image}}
        <p>抱歉，图片不可用</p>
    {{/unless}}
</template>
```

与 #if 一样，#unless 同样可以配合 {{else}} 使用。

3. #each

如果你想传递一组值给模板，通常是使用数组，那么就可以在模板中使用#each 指令来迭代处理数组中的每个值。

#each 以数组为参数，对数组中的每个值都使用其代码块中的结构来渲染，示例如下：

```
// HTML file
<template name="test">
<ul>
    {{#each users}}
        <li>{{this}}</li>
    {{/each}}
</ul>
</template>

// JavaScript file
Template.test.helpers({
    users: function(){
     return  ['Gates',  'Bill',  'Joy'];
    }
});
```

4. #with

#with 指令用于设置数据上下文，先看示例：

```
// HTML file
<template name="test">
    <ul>
        {{#with profile}}
        <p>{{name}}</p>
        {{#each skills}}
        <li>{{this}}</li>
        {{/each}} {{/with}}
    </ul>
</template>
```

```
// JavaScript file
Template.test.helpers({
    profile: function() {
        var info = {
            name: 'Jim',
            skills: ['Javascript', 'Css', 'HTML']
        };
        return info;
    }
});
```

这里使用 #with 把数据上下文指定到了 profile，那么 #with 块内的模板表达式处理的是 profile 中的数据。

3.3 helper

使用模板时，通常都会使用业务逻辑处理的动态数据，helper 就是用来做业务逻辑处理的。helper 是一个 JavaScript 函数，可以进行任何需要的操作，然后把相关数据传递给模板处理。

helper 可以只服务于一个单独的模板，叫作本地模板 helper；它也可以是全局可用，叫作全局模板 helper。全局 helper 用来提供通用功能，方便多个模板间复用。这时，最好把全局 helper 独立为单独的 JS 文件，不要放在某个模板的 JS 文件中。

1. 本地模板 helper

本地 helper 只用于某一个特定模板，不能和其他模板共享。每个模板对象都有一个 helper，helper 内是多个 key-value 对象，key 就是模板中使用的。例如 {{ name }}，'name' 就是 helper 里的一个 key，value 可以是一个字符串，也可以是数组、对象等，示例如下：

```
// HTML file
<template name="localhelper">
    <p>{{name}}</p>
    {{#if image}}
        <img src="{{image.src}}">
```

```
    {{/if}}
    {{#if skills}}
        <p>技能：{{skills.[0]}}</p>
        {{#if hasMore skills}}
            <a href="/skills">more...</a>
        {{/if}}
    {{/if}}
</template>

// JavaScript file
Template.localhelper.helpers({
    name: 'Jim',
    image: {
        alt: '图片描述',
        src: '/test.jpg'
    },
    skills: ['Javascript', 'Css', 'HTML'],
    hasMore: function(skills) {
        return skills && skills.length > 1;
    }
});
```

这段代码把模板中指令的使用和helper的语法复杂度都提高了一点。helper中定义了不同类型的返回值，可以更直观地了解helper的使用方式：

```
{{#if skills}}
    <p>技能：{{skills.[0]}}</p>
    {{#if hasMore skills}}
        <a href="/skills">more...</a>
    {{/if}}
{{/if}}
```

这里使用了#if指令的嵌套，{{skills.[0]}}展示了模板中对数组的一种用法，可以通过下标来显示数组中的某个值。

```
{{#if hasMore skills}}
```

在这条指令中，hasMore 是 helper 中定义的 key，value 是一个 function。指令中的 skills 就是向 hasMore 方法传递的参数。hasMore 方法对传入的参数进行判断，看参数内值的数量是否大于 1，来返回 true/false。模板中的 #if 指令根据 hasMore 的返回值决定是否显示 a 标签。

2. 全局模板 helper

有些 helper，不只在一个模板中会用到。如果在每个有需求的模板 helper 中都定义一遍的话，显然是浪费的，也不易维护，这种情况就需要定义全局 helper。

现在假设有一个需求，不同的模板中都要判断用户是否登录，以此来显示不同的内容，例如：

```
// html
<template name="templA">
{{#if isLogin}}
<!-- 模板 A 根据用户是否登录显示相关内容 -->
{{/if}}
</template>

<template name="templB">
{{#if isLogin}}
<!-- 模板 B 根据用户是否登录显示相关内容 -->
{{/if}}
</template>

// 全局 helper
if (Meteor.isClient) {
    Template.registerHelper('isLogin', function() {
        var flag = false;
        // ... 逻辑处理
        return flag;
    });
}
```

因为 helper 只工作在客户端，所以先使用 Meteor.isClient 判断是否为客户端，通过 Template 的 registerHelper 方法来注册全局 helper，第一个参数是 helper 名称，第二个参数为 helper 的处理函数。

再看一个示例，注册一个全局 helper，作用是判断传入的两个参数是否相等，然后在模板中使用此 helper 来处理显示的逻辑。

先注册全局 helper，名为 equal，代码为：

```
Template.registerHelper('equal', (a, b) => {
  return a === b;
});
```

定义模板，名为 globalHelperExample，其中有一个 checkbox 和一个 select，使用 equal 来确定选中的项，代码为：

```
<template name="globalHelperExample">

    <h3 class="page-header">全局 helper 示例</h3>
    {{#each foods}}
    <div class="row">
        <div class="col-xs-4">
                <input type="checkbox" checked="{{equal selected 'yes'}}">
{{name}}
        </div>
    </div>
    {{/each}}

    <div class="row">
        <div class="col-xs-4">
            <select class="form-control">
                {{#each foods}}
                <option selected="{{equal selected 'yes'}}"
value= "{{name}}">{{name}}</option>
                {{/each}}
            </select>
        </div>
    </div>
</template>
```

其中循环处理的 foods 需要本地 helper 来提供，代码为：

```
Template.globalHelperExample.helpers({
  foods: function() {
    return [{
      selected: "no",
      name: "烤肉"
    }, {
      selected: "yes",
      name: "烤鸭"
    }, {
      selected: "no",
      name: "火锅"
    }];
  }
});
```

这个小示例就完成了，运行效果如图 3.1 所示。

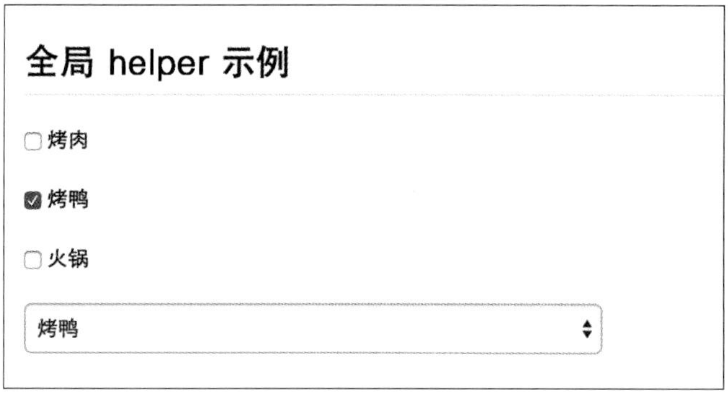

全局 helper 示例

☐ 烤肉

☑ 烤鸭

☐ 火锅

烤鸭

图 3.1　全局 helper

3.4　事件处理

事件处理是 Web 开发的重要内容，主要是做两件事：

（1）定义要监听的事件。

（2）定义事件触发后执行的动作。

对于如何查找目标 DOM 元素，Meteor 的方法与 JQuery 一样，使用 CSS

selector 来查找元素。Meteor 支持的事件也就是主流浏览器都兼容的那些主要事件：

- click——鼠标单击 DOM 元素的单击事件。
- dblclick——鼠标双击事件。
- focus——表单域某项获得焦点的事件。
- blur——与 focus 相反，是失去焦点的事件。
- change——checkbox 或者 radio 的状态发生变化后的事件。
- mouseenter/mouseleave——鼠标指针穿过或离开某元素后的事件。
- mousedown / mouseup——按下或松开鼠标按键的事件。
- keydown / keypress / keyup——按下或松开键盘按键的事件。

示例如下：

```
Template.test.events({
    'click button': function(event, template) {
        $('body').css('background-color', 'red');
        // 其他操作……
    },
    'mouseenter #redButton': function(event, template) {
        //……
    }
});
```

定义模板的事件与 helper 相同，模板的名称后面跟上 helpers 或 events，例如定义 helper 是：

```
Template.test.helpers({
......
});
```

定义事件则是：

```
Template.test.events({
......
});
```

在上面的示例中，对模板 test 定义了如下两个事件。

- 按钮单击事件

  监听 test 模板中的所有 button 按钮，只要按钮被单击，就会触发后面的动作，改变 body 的背景色为红色。

```
$('body').css('background-color', 'red');
```

  这行代码大家比较熟悉，它和 JQuery 用法一样。实际上，在 Meteor 开发中就是可以直接使用 JQuery，这降低了我们的学习成本。

- 鼠标进入事件

  当鼠标指针进入 ID 为 redButton 的元素时，就会触发后面定义的动作。

下面是一个有意思的例子。在前面学习模板定义时，我们知道模板是可以嵌套的，如果父模板和子模板中都有 button 按钮，然后又都定义了 button 的 click 事件，那么在页面中单击子模板范围的按钮时，会触发哪个动作呢？示例代码如下：

```
// HTML file
<body>
  {{> outside}}
</body>

<template name="outside">
  <button>父模板按钮</button>
  {{> inside}}
</template>

<template name="inside">
  <button>子模板按钮</button>
</template>

// JavaScript file
Template.outside.events({
  'click button' : function (event, template){
    $('body').css('background-color', 'red');
  }
});

Template.inside.events({
  'click button' : function (event, template){
```

```
    $('body').css('background-color', 'green');
  }
});
```

在页面中单击“父模板按钮”后，页面背景色变为红色，再单击“子模板按钮”，没有反应，还是红色，刷新页面，直接单击“子模板按钮”，页面背景也是变为红色，这是什么原因呢？

这涉及事件的传播机制。事件的传播就像一个链条，当触发子模板中的事件时，事件处理动作会被执行，但这个事件还会向上查找，看是否父级也可以处理此事件，如果父级可以处理，则也会执行父级的事件处理动作。

分析一下上面的例子。一共有三个层级，第一层是 body，第二层是 outside 模板，第三层是 inside 模板。当单击“子模板按钮”时，触发的事件处于第三层，先执行自己的动作，把背景色变为绿色，然后事件向上层传递；第二层定义了按钮单击事件，可用，就执行第二层的动作，把页面背景色变为红色；事件继续向上传递，到达第一层后，发现 body 没有定义按钮单击事件，不可用，事件的传播结束，所以，页面的背景色停留在了红色。

由于事件的处理速度太快，因此根本没有看到页面背景色变绿的过程。如果想仔细看一下，可以在事件处理代码中添加 alert，然后就可以清晰地看到事件传播过程了，例如：

```
Template.outside.events({
  'click button' : function (event, template){
    alert('outside');
    $('body').css('background-color', 'red');
  }
});

Template.inside.events({
  'click button' : function (event, template){
    alert('inside');
    $('body').css('background-color', 'green');
  }
});
```

事件传播机制容易令人迷惑，如何阻止事件的传播呢？可在事件处理函数中使用 stopImmediatePropagation() 方法，示例如下：

```
Template.inside.events({
  'click button' : function (event, template){
    event.stopImmediatePropagation();
    $('body').css('background-color', 'green');
  }
});
```

在页面中单击“子模板按钮”后，页面背景色变为绿色，不再变红了。

还有一种事件是需要阻止的，就是浏览器的默认行为，例如 a 标签，单击后，页面会执行跳转动作，跳到 href 指定的页面上，使页面重新加载，例如：

```
<body>
{{> linktest}}
</body>

<template name="linktest">
<a href="http://www.baidu.com">测试</a>
</template>
```

在页面中单击“测试”这个链接后，页面直接跳转到“http://www.baidu.com”。

Meteor 是一个单页面应用，我们不需要页面的跳转，所以需要阻止这个浏览器默认的跳转行为。这时可以调用 preventDefault() 方法，示例代码如下：

```
Template.linktest.events({
'click a': function (event, template){
    event.preventDefault();
}
});
```

这时再单击“测试”链接后，就不会跳转了。

3.5 生命周期

在前面我们分析新创建项目的默认文件时，模板文件中有这么一段代码：

```
Template.hello.onCreated(function helloOnCreated() {
  // counter starts at 0
  this.counter = new ReactiveVar(0);
});
```

其中的 onCreated 是什么？从字面可以理解，就是“模板在创建之后”，这就是模板生命周期的一部分。

每个模板都是有生命周期的，分为 3 个步骤，每个步骤都对应一个回调方法，这 3 个步骤及其回调方法如下。

1. 被创建 Created，onCreated

当一个模板被创建之后，此模板的对象示例就可用了，但这个模板在页面中还不能被看到。这个阶段适合创建一些模板的属性变量，这些属性属于模板的对象实例，在整个生命周期中都是可用的，在 helper 和事件处理函数中都可以使用，可通过 Template.instance() 来访问。

2. 被渲染 Rendered，onRendered

模板被渲染以后就可以在页面中看到了。因为模板的 DOM 元素都被渲染完成，所以这个阶段适合对 DOM 做一些初始处理，例如日期组件的加载。

3. 被销毁 Destroyed，onDestroyed

模板被销毁之后，模板的对象实例就不再可用，页面中也不再可见。此阶段适合做清理工作，可以把之前设置的模板属性清理干净。

3.6　引用第三方JavaScript库

我们可以使用 meteor add 来安装需要的扩展包，例如想要使用 Bootstrap，就使用 meteor add twbs:bootstrap 进行安装，非常方便。https://atmospherejs.com 上面的扩展包也非常丰富，但总会令人有一种不灵活的感觉，如果能自己引用第三方的 JS 文件就更好了。本节就来实现这个需求，以一个常用的日期时间选择插件为例，看一下如何直接引用 JS 文件。

目标很简单，页面中有一个输入框和一个按钮，单击输入框后弹出日期时间选择插件，选好日期和时间后，单击按钮，显示出输入框中的日期信息，实际运行效果如图 3.2 和图 3.3 所示。

图 3.2 datetimepicker 效果 1

图 3.3 datetimepicker 效果 2

首先新建一个测试项目，名称为 datepicker。因为 datetimepicker 是基于 Bootstrap 的，所以需要安装 Bootstrap 扩展包，同时需要 JQuery 和 moment 模块也一并安装。执行以下命令完成项目的创建和相关安装工作。

```
meteor create datepicker
meteor add twbs:bootstrap
meteor npm install --save jquery@2.1.3
meteor npm install --save moment
```

接下来下载 datetimepicker 的库文件，下载地址为：

```
https://github.com/Eonasdan/bootstrap-datetimepicker
```

下载后，从中复制 bootstrap-datetimepicker.min.css、bootstrap-datetimepicker.min.js 这两个文件到项目中，放置的位置是 client/lib。这个 lib 目录需要自己创建，然后就是模板文件的创建了。最终项目文件夹下 client 目录的结构如图 3.4 所示。

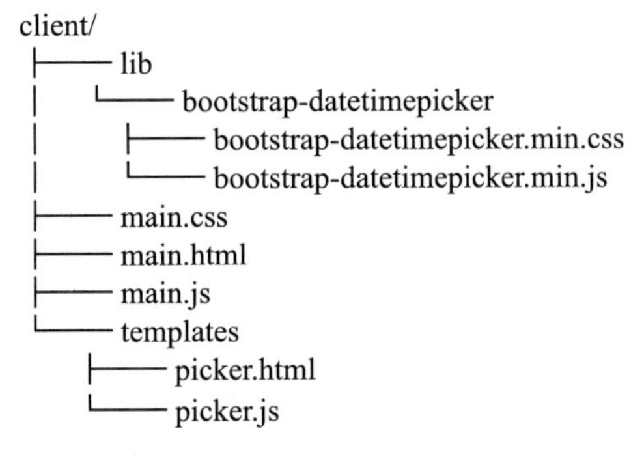

图 3.4　client 目录结构

picker.html 和 picker.js 是模板文件，下面是它们的实现代码：

```
// client/templates/picker.html

<template name="picker">
    <div class="row">
    <div class="col-xs-4">
    <h1> 引用第三方 JS 库 </h1>
            <h2>DatetimePicker</h2>
            </div>
    </div>
```

```
    <div class="row">
        <div class="col-xs-4">

            <input type="text" class="form-control datetimepicker" placeholder=
"Pick a Date">
        </div>
    </div>
    <div class="row">
        <div class="col-xs-1">
            <button class="btn btn-success btn-block">确定</button>
        </div>
    </div>
</template>
```

这里的重点就是 input 输入框，在 class 属性中设置了 datetimepicker，作为查找的标识。

```
// client/templates/picker.js

Template.picker.onRendered(() => {

  // 初始化 datetimepicker
  $('.datetimepicker').datetimepicker({
    timeZone: 'Asia/Shanghai',
    useCurrent: true
  });
});

Template.picker.events({

  // 为按钮添加单击事件处理

  'click button' (event, template) {
    event.preventDefault();

    var picker = $('.datetimepicker');
```

```
    // 获取 datetimepicker 的值
    var dateTime = picker.data('DateTimePicker').date();

    // 格式化日期格式
    var ret = dateTime.format('MMMM Do YYYY, h:mm:ss a');
    alert(ret);

    // ...
  }
});
```

最后修改 client/main.html，引用上面定义的 picker 模板，代码为：

```
<head>
  <title>datepicker</title>
</head>

<body>
  {{> picker}}
</body>
```

访问页面，单击输入框，即可以看到 datetimepicker 的插件效果。这样我们的目标就完成了。成功使用 datetimepicker 的 JS 文件实现了需求。通过上面的示例代码，看到并没有显式地引用 datetimepicker 的 JS 文件，只是放到了 client/lib 目录下，便可以正常使用了，因为 Meteor 自动帮我们加载了。

以后在实际开发中需要插件时，有 Meteor 扩展包时，可以通过 meteor add 命令来添加；如果没有时，就可以这样直接引用 JS 文件，这兼顾了方便性与灵活性。

3.7 小插件推荐——Bert

在应用开发的过程中，提示信息的使用是少不了的，例如删除时的确认提示、操作完成后的成功提示等。这个小需求非常普遍，而且简单，可以使用 JS 的 alert() 进行提示，但效果真的很难接受；也可以使用 Bootstrap 的提示信息风格，效果比 alert() 好了很多。这里推荐一个效果更好的插件，名字是 Bert，其特点是使用非常简单，而且效果丰富。

先安装 Bert 这个扩展包，执行安装命令：

```
meteor add themeteorchef:bert
```

然后在代码中使用 Bert，例如在一个按钮的单击事件处理函数中添加如下代码：

```
Bert.alert('Hello World', 'success', 'growl-top-right');
```

这是 Bert 的典型用法，效果如图 3.5 所示，Bert.alert() 方法中的 3 个参数分别代表消息内容、消息的类型、显示的样式。

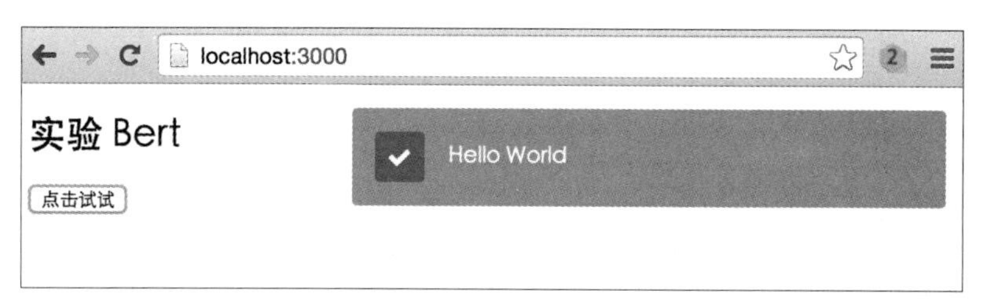

图 3.5 Bert 效果 1

也可以只传入消息的内容，类型和样式都不指定，使用默认值。具体代码如下，运行效果如图 3.6 所示。

```
Bert.alert('只传入消息内容');
```

图 3.6 Bert 效果 2

```
Bert.alert('危险警告!', 'danger');
```

这里指定了消息内容和类型，运行效果如图 3.7 所示。

图 3.7　Bert 效果 3

```
Bert.alert('闪电 危险！', 'danger', 'growl-top-left', 'fa-bolt');
```

这里使用了 4 个参数，第 4 个参数是用来指定 icon（图标）的，效果如图 3.8 所示。可以看到，消息前面的小图标变为闪电。

图 3.8　Bert 效果 4

Bert 还有更加灵活的用法，可以使用 JSON 结构来描述。除了设置图标外，还可以设置标题，效果如图 3.9 所示，代码如下：

```
Bert.alert({
    icon: 'fa-magic',
    title: '标题',
```

```
    message: '消息内容'
});
```

图 3.9　Bert 效果 5

通过这几个示例，我们了解了 Bert 的使用方式，其中的消息类型、显示样式比较重要。下面看一下具体都有哪些类型和样式可供选择。

消息类型如下。

- default

  灰色背景，警钟图标，效果如图 3.10 所示。

图 3.10　消息类型——default

- success

  绿色背景，对号图标，效果如图 3.11 所示。

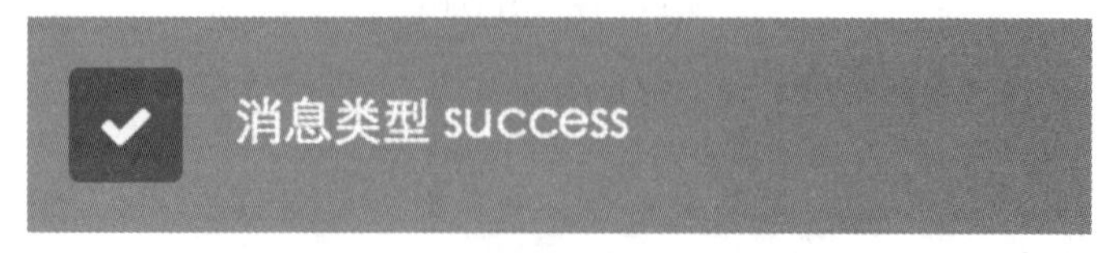

图 3.11　消息类型——success

- info

  蓝色背景，字母 i 图标，效果如图 3.12 所示。

图 3.12　消息类型——info

- warning

  黄色背景，叹号图标，效果如图 3.13 所示。

图 3.13　消息类型——warning

- danger

  红色背景，叉号图标，效果如图 3.14 所示。

图 3.14　消息类型——danger

显示样式如表 3.1 所示。

表 3.1　显示样式

样　式	说　明
fixed-top	消息固定在窗口顶部
fixed-bottom	消息固定在窗口底部
growl-top-left	消息从窗口的左上角滑入，显示几秒后滑出
growl-top-right	消息从窗口的右上角滑入，显示几秒后滑出
growl-bottom-left	消息从窗口的左下角滑入，显示几秒后滑出
growl-bottom-right	消息从窗口的右下角滑入，显示几秒后滑出

3.8 本章小结

本章的重点是模板的定义，以及定义与模板对应的 helper 和事件处理。

要理解 helper 的作用，它是处理业务逻辑的，为模板提供数据；也要掌握如何定义模板中的事件处理函数。

掌握了这几点就基本理解了模板的工作方式，然后就要深入细节，例如模板中控制流程的写法、事件传递的机制、模板的嵌套用法等。

模板负责应用的展示工作，是应用开发的基础，虽然不难，但很重要。一定要理解模板中的相关概念和示例代码，多多练习。

第4章 数据库

数据库操作是应用开发中必不可少的，重要程度不用多说。第 3 章我们学习了模板知识，知道如何进行页面展示之后，下面开始学习数据库的操作，并结合模板，掌握前端页面和后端数据库的沟通合作方式。

本章将以实践开头，在不了解数据库操作的情况下，直接体验数据库的基本操作方法，形成一个感官印象。这样可以让后面的学习更加形象，理解起来更加轻松。

实践之后，学习一下 MongoDB 数据库本身的操作方式，然后再学习如何在 Meteor 中使用 MongoDB。

4.1 体验Meteor与数据库的沟通

在详细学习数据库操作之前，先通过一个简单的示例来直观地体验一下 Meteor 是如何与数据库沟通的。

1. 需求说明

显示一个用户列表，先使用测试数据模拟，然后手动向数据库中插入数据，最后在代码中调用数据库，在页面中显示真实数据。

2. 代码开发

（1）新建项目

在命令行执行创建项目的命令，项目名称为 dbtest，创建完成后启动它。

```
meteor create dbtest
cd dbtest
meteor
```

在浏览器中访问项目，如果正确运行，则准备工作完成。

（2）创建模板及 helper

创建用户列表模板，在 client 目录下新建模板文件 users.html。

```
<!-- 定义 users 模板 -->
<template name="users">
<ul>
<!-- 循环处理 users 数组 -->
{{#each users}}
<!-- 显示每条数据中的 name 与 age -->
<li>name:{{name}}, age:{{age}}</li>
 {{/each}}
</ul>
</template>
```

修改 client/main.html 的内容，引用 users 模板，代码为：

```
<head>
  <title>体验数据库的沟通</title>
</head>

<body>
  <h1>Welcome to Meteor!</h1>
  <!-- 引入 users 模板 -->
  {{> users}}
</body>
```

新建 users 模板的 helper 文件 client/users.js，代码为：

```
Template.users.helpers({
users : function (){
  // 返回静态模拟数据
  return [
    {name:'bill', age:20},
    {name:'joy', age:22}
  ];
}
});
```

此时，在浏览器中就可以看到静态数据的用户列表了。接下来需要向数据库插入数据，然后在 helper 中调用数据库，查询出真实数据显示到页面。

（3）向数据库中插入数据

在项目目录 dbtest 下执行命令，启动 MongoDB 的控制台，进入 MongoDB shell 终端：

```
meteor mongo
```

执行下面两条命令，插入两条测试数据：

```
meteor:PRIMARY> db.users.insert({name:'Dell', age:30});
meteor:PRIMARY> db.users.insert({name:'Gates', age:40});
```

执行查询命令，查看插入的结果：

```
meteor:PRIMARY> db.users.find();

{ "_id" : ObjectId("5718cc6bd70ebb7b7c3538df"), "name" : "Dell", "age" : 30 }
{ "_id" : ObjectId("5718cc93d70ebb7b7c3538e0"), "name" : "Gates", "age" : 40 }
```

这里显示出了刚刚插入的两条记录，说明插入成功。现在数据库中有了用户记录的数据。下面在代码中从数据库中获取数据。

（4）查询数据

在项目的根目录下创建一个“lib”目录，并在其中再创建一个“collection”目录。

在 lib/collection 目录下新建文件 Users.js，只有一行代码：

```
// 创建数据库集合的操作对象
Users = new Mongo.Collection('users');
```

项目现在的目录结构如图 4.1 所示。

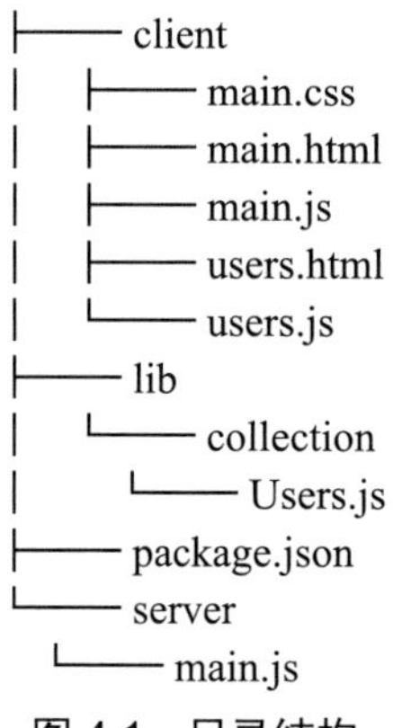

图 4.1 目录结构

修改 helper 的代码，编辑文件 client/users.js，内容改为：

```
Template.users.helpers({
users : function (){
  // 调用数据库对象，执行查询操作
  // find() 返回的结果也是 JSON 数组
  return Users.find();
}
});
```

再访问页面，发现用户列表数据已经变为数据库中添加的内容。现在，我们就完成了最基本的数据库沟通工作，感受到了 Meteor 操作数据库的方式，之后再详细介绍数据库的其他操作。

下面简单回顾一下这个过程中的要点：

- 在 helper 中返回静态数据，在模板中使用循环语句显示出来，复习了一些模板中的知识。
- 在 mongo shell 中向数据库插入数据，体验到了 CLI 这个工具的强大。直接使用一个命令就可以连接数据库进行操作，无须任何配置。也接触到了 MongoDB 中数据的插入方式。
- 定义了数据库操作对象 Users，也不需要数据库连接信息，非常方便。
- 修改了 helper，不再返回静态数据库，调用数据库操作对象 Users，执行查询方法，返回了数据库中的数据。在此我们体验到了如何查询数据，并了解了模板与数据库的沟通方式。

这个过程虽然简单，但这就是沟通数据库的典型方式。明白这个思路后，后面的学习便会简单很多。

4.2　认识MongoDB

4.2.1　MongoDB 概述

MongoDB 是一个开源的面向文档的 NoSQL 数据库。

NoSQL 数据库近几年发展迅速，得到了广泛应用。其中有 key-value 结构的，Redis 是典型的代表；还有图结构的，例如 Neo4j；而 MongoDB 就是文档型数据库的佼佼者。

文档是 MongoDB 的核心概念，那么文档是什么意思呢？下面先看一个文档的示例：

```
{
    _id: ObjectID('321kjwfj8923swew23lll')
    title: ' 文章标题 ',
    author: 'dell',
    click_num: 500,
    content: ' 文章内容 ',
    post_time: '2016-05-01 12:00:00',
    comments: [
      {
        user: 'gates',
        text: 'good!',
      },
      {
        user: 'hello',
        text: 'very good!'
      }
    ]
}
```

这个文档描述的是一篇文章，包含了文章的各个属性。文档是一组属性名和属性值的集合。属性值可以是简单的数据类型，例如字符串、数字和日期，也可以是数组，甚至是其他文档，这让文档可以表示各种富数据结构。例如上面的示例文档中有一个 comments 属性，它是一个评论文档的数组。

单个文档描述一个对象，多个文档放在一起，就是一个对象集合。

熟悉 JSON 的读者已经看出来了，文档其实就是一个 JSON 对象，文档集合就是 JSON 数组。

为了更清晰地理解面向文档的思维，下面将它和关系型数据库对比一下。

如果使用 MySQL 存储文章，至少会设计为两个表：

- 文章表 Posts
  字段包括文章的基本信息：id、title、author、click_num、post_time、content
- 文章评论表 PostComments
  字段：id、post_id、user、text

因为关系型数据库中的数据表是扁平结构的，所以要表示一对多关系就需要多张表。

通过这个简单的对比可以看到：文档有丰富的结构，在一个文档中可以包含一个对象的全部内容，而在关系型数据库中需要从多个表中获取；面向文档的数据模型很容易以聚合的形式来表示数据，让你能彻底和对象打交道。

文档除了提供丰富的结构，还无须预先定义 Schema。在关系型数据库中，每张表都有严格定义的 Schema，规定了列和类型。如果需要添加字段或者修改某列的类型，那么就必须显式地修改表结构。而在文档结构中，无须预先定义属性名和属性值的类型，而可以动态添加任何属性。

MySQL 是普及度很高的关系型数据库。为了更好地理解 MongoDB 中的概念，下面将 MySQL 和 MongoDB 做一个对比，便于加深读者的印象，如表 4.1 所示。

表 4.1 MySQL 和 MongoDB 对比

SQL	MongoDB
database	database
table	collection
row	document
column	field

续表

SQL	MongoDB
Index	Index
table joins	嵌入 documents 和 linking
primary key （自己指定某列或组合列）	primary key （自动使用 _id）
aggregation 聚合（如 group by）	aggregation pipeline 聚合管道

4.2.2 MongoDB 操作示例

明白了 MongoDB 的概念后，接下来就实际操作一下，在实践中加深了解。

MongoDB 有一个 JavaScript shell，可以使用 JS 操作数据库，非常方便。这可能也是 Meteor 选择 MongoDB 的一个重要原因吧。

Meteor 本身就包含一个 MongoDB 实例，每次启动 Meteor 项目时，启动信息中会显示“Started MongoDB”，Meteor 默认让 MongoDB 监听 3001 端口。

当 Meteor 启动后，MongoDB 也已经就绪了，可以在命令行使用 Meteor 提供的 mongo shell 连接数据库。在本章的开始介绍 Meteor 如何沟通数据库的内容时，已经接触到了 mongo shell。执行下面的命令启动 shell 终端。需要注意的是一定要先把项目运行起来，否则 MongoDB 是不会启动的。

```
meteor mongo
```

提示信息：

```
MongoDB shell version: 2.6.7
connecting to: 127.0.0.1:3001/meteor
meteor:PRIMARY>
```

进入 MongoDB 的控制台，接下来我们在这里执行一些常用命令，熟悉一下 MongoDB 的操作方式。

1. 插入和查询

现在插入我们的第一个文档：

```
meteor:PRIMARY> db.user.insert({username: "ZhaoSi"})
WriteResult({ "nInserted" : 1 })
```

可能有人会产生疑问:“还没有创建这个 user 集合，怎么就直接插入文档了呢？”

也就是说，还没建表，就直接插入数据了。因为在 MongoDB 中，创建数据库和集合都不是必需的操作，数据库与集合会在第一次插入文档时被创建。这是 MongoDB 的动态数据处理方式，可以简化开发过程。

通过一条简单的查询来验证插入的结果：

```
meteor:PRIMARY> db.user.find()
```

返回的信息为：

```
{ "_id" : ObjectId("571a1f551af6c61404"), "username" : "ZhaoSi" }
```

发现多了一个“_id”字段，这是 MongoDB 自动为我们添加的。因为 MongoDB 硬性要求每一个文档都要有一个 _id 字段，作为主键，如果在插入文档时没有此字段，MongoDB 就自动添加，要求 _id 值在集合中是唯一的。

再随意插入两条用户信息，增加点儿测试数据，然后查看现在 user 集合中有几个文档：

```
meteor:PRIMARY> db.user.count()
3
```

使用 find 方法列出全部文档：

```
meteor:PRIMARY> db.user.find()
{ "_id" : ObjectId("571a22371af6c61404d1ef7d"), "username" : "ZhaoSi" }
{ "_id" : ObjectId("571a22411af6c61404d1ef7e"), "username" : "LiuNeng" }
{ "_id" : ObjectId("571a224e1af6c61404d1ef7f"), "username" : "GuangKun" }
```

现在有 3 个文档了，我们可以尝试一下复杂点儿的查询，增加一个查询条件，如：

```
meteor:PRIMARY> db.user.find({'username':'ZhaoSi'})
{ "_id" : ObjectId("571a22371af6c61404d1ef7d"), "username" : "ZhaoSi" }
```

这是只查询 username 字段值为“ZhaoSi”的文档。

2. 更新

更新操作与 SQL 思路类似，需要指明查询条件，后面跟上要更新的字段及其值，例如：

```
meteor:PRIMARY> db.user.update({'username':'ZhaoSi'}, {$set:{city:'tieling'}})
WriteResult({ "nMatched" : 1, "nUpserted" : 0, "nModified" : 1 })
```

update 需要两个参数。

- {'username':'ZhaoSi'}：这是要更新的文档的查询条件，就是指明要更新谁。
- {$set:{city:'tieling'}}：$set 是设置指令，后面跟上要设置的字段和值。

需要注意的是，这里更新了 city 字段，但原来此文档中并没有这个字段，这就体现了 MongoDB 的动态数据处理能力。

既然有 set 操作，那么自然就有与其对应的 unset 操作，用于删除某个字段，例如：

```
meteor:PRIMARY> db.user.update({'username':'ZhaoSi'}, {$unset:{city:'x'}})
```

把刚才新加的 city 字段去掉了。删除字段时，字段对应值随意写就好。

3. 删除

```
meteor:PRIMARY> db.user.remove()
```

remove 方法的作用是删除文档。没有参数时，是删除集合中的全部文档。如果想删除指定文档，可以像使用 find 一样，添加一个过滤器：

```
meteor:PRIMARY> db.user.remove({'username':'ZhaoSi'})
```

remove() 不会删除集合，它只是从集合中删除文档。如果想把集合彻底删除，需要使用 drop：

```
meteor:PRIMARY> db.user.drop()
```

4.3 Meteor数据库操作

4.3.1 Meteor 连接 MongoDB

使用 MySQL 开发时，需要先使用数据库的连接信息（数据库 IP、用户名、密码）创建连接对象，然后才能进行数据库操作；而 Meteor 中与 MongoDB 的连接非常简单，不需要定义数据库的连接，直接创建数据库集合的对象即可：

```
MyCollection = new Mongo.Collection("collection_name");
```

collection_name 是数据库中集合的名称，MyCollection 是创建的集合对象变量名。

需要注意，这个变量名前面并没有 var，这是因为集合对象是同时工作于服务器端和客户端的，属于全局可用的变量。如果使用 var 来定义的话，这个变量的作用域就限定在当前文件了。

因为集合对象是全局的，在服务器端和客户端都可以访问，所以在使用时不需要使用 Meteor.isClient() 或者 Meteor.isServer() 来判断上下文环境；同时，定义集合对象的文件要位于公共区域，例如在本章开始的示例中，集合对象是在 lib/collection/users.js 文件中定义的，并非放在 client 或者 server 目录下。

定义集合对象的变量名时，有一个大家默认的命名规则，就是用数据库中集合的名称命名，并以大写字母开头，使用复数形式。这样，在其他地方的代码中可以清楚地知道这是一个集合对象，如果你想进一步提高可读性，可以在变量名后面再加一个 'Collection'，这样就更加清晰了。

4.3.2 Meteor 操作 MongoDB 的方法

Meteor 操作 MongoDB 的方法与 mongo shell 中的用法基本一致，学习成本极低。下面通过实例，结合页面模板，学习 Meteor 对数据库的插入、查询、修改、删除。

1. 插入

向集合中插入文档需要使用集合对象的 insert() 方法，参数是要插入文档的内容，例如：

```
CollectionObject.insert({field1: "value1", field2:"value2"});
```

下面做一个插入的示例，定义一个表单模板，提交表单后，获取提交的数据，封装为文档，调用集合对象插入到数据库集合中。

还是在开章示例项目 dbtest 的基础上开发，插入新的用户记录。

（1）创建插入表单的模板

```
//client/insertform.html

<template name="insertForm">
  <p>姓名：<input id="username"/></p>
  <p>年龄：<input id="age"/></p>
  <p><button>保存</button></p>
</template>
```

（2）在 body 中引入表单模板

修改 client/main.html，代码为：

```
<head>
  <title>体验数据库的沟通</title>
</head>

<body>
  <h1>Welcome to Meteor!</h1>
  {{> insertForm}}
  {{> users}}
</body>
```

（3）在表单 helper 中处理表单提交事件

新建 client/insertform.js，代码为：

```
Template.insertForm.events({
'click button' : function (event, template){
  // 使用 JQuery 获取表单中的数据
  var username = $('#username').val();
  var age = $('#age').val();

  // 构造新建文档的 JSON 对象
  var user_json = {name:username,age:age};

  // 调用集合对象 Users 的 insert 方法，把新文档插入数据库集合
  Users.insert(user_json);
}
});
```

在浏览器中测试，在表单中随意添加数据，单击“保存”按钮，下面的用户列表会自动显示出刚刚添加的信息。因为在开章示例中，我们已经完成了文档的查询功能，把所有 users 集合中的记录都显示到了页面。

2. 查询

集合的查询使用 find() 方法。这个方法之前我们就已经熟悉了，使用 Users.

find() 查询出了所有的用户记录。

find() 方法中没有参数时，表示查询此集合中的所有文档，相当于 SQL 语句 select * from users。find() 方法还有一些其他常见的用法，下面通过实例了解一下。

（1）条件查询

例如查找 name 为“Gates”的记录，需要向 find() 方法中传入一个参数，指明查询的条件：

```
Users.find({name:'Gates'});
```

修改 client/users.js，代码为：

```
Template.users.helpers({
    users: function() {
        var clt = null;
        // 查询所有记录
        clt = Users.find();

        // 条件查询
        clt = Users.find({ name: 'Gates' });

        return clt;
    }
});
```

这种查询就相当于以下 SQL 语句：

```
select * from users where name='Gates';
```

（2）查询符合条件的第一条记录

find() 方法是查询集合的所有记录，返回一个结果集合。即使只有一条记录符合条件，也以集合的形式返回。

如果只想取得第一个符合条件的记录，则可以使用 findOne() 方法，返回的是一个文档对象。

```
Users.findOne({name:'Gates'});
```

查询 users 集合中第一个 name 为 Gates 的记录，结果是一个 JSON 对象。

修改 client/users.js，代码为：

```
Template.users.helpers({
    users: function() {
        var clt = null;
        // 查询所有记录
        clt = Users.find();

        // 条件查询
        clt = Users.find({ name: 'Gates' });

        // 查询一条记录
        clt = Users.findOne({ name: 'Gates' });
        console.log(clt);

        return clt;
    }
});
```

打开浏览器的控制台，可以看到输出信息，clt 是 Object 类型，在控制台中还会看到一个错误信息：

```
Error: {{#each}} currently only accepts arrays, cursors or falsey values.
```

因为 findOne() 返回的是 Object 类型，不适用于模板中的 each 循环，所以会报错。这里我们的目的是掌握查询操作的用法，便不理会这个错误了。

findOne() 方法相当于 SQL 语句 select * from user where name='Gates' limit 1，只获取首条记录。

（3）模糊查询 like

如果在查询条件不明确的情况下，就需要使用模糊查询，也就是 SQL 中的 like。在 find() 方法中指定查询条件时，value 可以是正则表达式的形式，这样就非常强大了，匹配能力已经超过 like，用法如下：

```
Collection.find({name: /正则表达式/});
```

修改 client/users.js，代码为：

```
Template.users.helpers({
    users: function() {
        var clt = null;
        // 查询所有记录
        clt = Users.find();

        // 条件查询
        clt = Users.find({ name: 'Gates' });

        // 查询一条记录
        clt = Users.findOne({ name: 'Gates' });
        console.log(clt);

        // like 查询
        // 查询 name 的值是以 'De' 开头的
        clt = Users.find({ name: /^De/ });

        return clt;
    }
});
```

这个用法就相当于 SQL 语句 select * from users where name like 'De%'。

（4）或查询 or

指定多个查询条件，查找集合中所有满足其中任何一个条件的记录，就是或查询，这是通过 $or 指令完成的：

```
Collection.find( { $or : [ {条件1}, {条件2} ] } );
```

例如在用户集合中查找 name 以“De”开头，或者 age 大于 20 的记录。

修改 client/users.js，代码为：

```
Template.users.helpers({
    users: function() {
        var clt = null;
        // 查询所有记录
        clt = Users.find();
```

```
        // 条件查询
        clt = Users.find({ name: 'Gates' });

        // 查询一条记录
        clt = Users.findOne({ name: 'Gates' });
        console.log(clt);

        // like 查询
        clt = Users.find({ name: /^De/ });

        // or 或查询
        clt = Users.find({$or : [{ name: /^De/}, { age: {$gt:20} }]});

        return clt;
    }
});
```

这种情况相当于以下 SQL 语句：

```
select * from users where name like 'De%' or age > 20;
```

查询是 Web 开发中非常重要的操作，形式丰富。由于篇幅有限，这里只能列出几种常用情况作为示例，如果想学习更多的查询方法请参考 MongoDB 的官方文档。

3. 更新

更新操作使用 Collection.update() 方法实现，update 的方法签名是：

```
Collection.update(selector, modifier, options, callback);
```

- selector——查询选择器，确定要更新的目标文档。
- modifier——新的文档内容。
- options——选项设置，有两个可用的选项，都是布尔型，如下所示。

  multi——默认为 false。如果设置为 true，所有匹配的文档都会被更新；否则，只更新第一个匹配的文档。

  upsert——默认为 false。如果设置为 true，当没有匹配的文档时，会把 modifier 定义的文档内容作为一个新的文档插入到集合。
- callback——更新操作完成后的回调函数。

更新的最简单用法，如：

```
Collection.update({_id: "xxx"}, {$set: {name: "new name"}});
```

下面我们对用户列表添加修改功能，每条用户信息后面添加一个“修改”按钮，单击后，词条记录位置变为一个表单，提交后，词条用户信息变为修改后的内容。

update() 的用法很简单。这个示例更侧重于结合集合模板的用法，体验修改操作的思路，具体步骤如下。

（1）新建用户信息条目模板

展示每条用户信息时，会判断是否为编辑状态。处于编辑状态则显示编辑表单，否则显示用户信息和修改按钮。这样，用户信息的展示就更加复杂了。为了使代码更易维护，新建一个用户信息条目的模板。

新建 client/useritem.html，代码为：

```
<template name="useritem">
    <li>name:{{name}} | age:{{age}}</li>
</template>
```

（2）修改用户列表模板，引用新建的用户信息条目模板

修改 client/users.html，代码为：

```
<template name="users">
<ul>
{{#each users}}
{{> useritem}}
{{/each}}
</ul>
</template>
```

可以到浏览器中查看其是否运行正常。

（3）修改用户信息条目模板的显示逻辑

修改 client/useritem.html，代码如下：

```
<template name="useritem">
    {{#if isEditing}}
    <p>姓名：
```

```
        <input id="username" value="{{name}}" />
    </p>
    <p> 年龄：
        <input id="age" value="{{age}}" />
    </p>
    <p>
        <button> 保存 </button>
    </p>
    {{else}}
    <li>name:{{name}} | age:{{age}} <span class="edit" style="color:red"> 修
改 </span></li>
    {{/if}}
</template>
```

其中添加了逻辑判断，根据 isEditing 的值来决定显示编辑表单，还是用户信息。表单中默认显示用户信息的值，展示用户信息时，后面新增了一个红色的“修改”按钮。

（4）在 helper 中添加对 isEditing 的支持

isEditing 的作用是判断当前用户是否处于编辑状态，判断的逻辑：session 中有一个变量，记录要编辑的用户信息 ID，把当前用户的 ID 和 session 中的 ID 进行比较，如果相同，说明此用户就是编译目标，返回 true，否则返回 false。

至于 session 中的那个用户 ID 变量，就是单击“修改”按钮时设置的。

新建 client/useritem.js，代码如下：

```
Template.useritem.helpers({
    isEditing : function (){
        // 从 session 中取得 editid 值
        var eid = Session.get('editid');

        // 返回对比结果
        return this._id + '' == eid;
    }
});
```

因为使用了 Session 对象，需要向项目中添加对 Session 的支持包，到命令行中在项目的目录下执行命令：

```
meteor add session
```

（5）添加“修改”按钮的单击事件处理

修改 client/useritem.js，代码如下：

```
Template.useritem.helpers({
    isEditing : function (){
        var eid = Session.get('editid');

        var flag = this._id + '' == eid;
        return flag;
    }
});

Template.useritem.events({
    'click .edit': function (e, tpl){
        e.preventDefault();

        // 取得当前用户的 _id
        var id = this._id;

        // 设置到 session
        Session.set('editid', id);
    }
});
```

至此，单击某个用户的“修改”按钮后，此用户的位置就会变为编辑表单，表单中默认填充了用户的信息值。

（6）处理编辑表单的提交事件

修改 client/useritem.js，代码如下：

```
Template.useritem.helpers({
    isEditing : function (){
        var eid = Session.get('editid');
```

```
        var flag = this._id + '' == eid;
        return flag;
    }
});

Template.useritem.events({
    'click .edit': function (e, tpl){
        e.preventDefault();
        var id = this._id;

        Session.set('editid', id);
    },

    'click button': function (e, tpl){
        var name = tpl.$('#username').val();
        var age = tpl.$('#age').val();
        var id = this._id;

        Users.update({_id:id}, {name:name, age:age}, function (){
            Session.set('editid', -1);
        });
    }

});
```

在表单提交事件的处理函数中，先获取了新的表单值。注意，tpl.$('#username').val()，在前面多了模板的对象 tpl。这是为了控制作用域，把作用域限定在当前模板；否则 $() 会在整个页面中查找。在 update() 方法的回调函数中，把 Session 中“editid”的值设为 -1，作用是表名当前没有要修改的用户。

这样，更新的示例就开发完成了，体验了模板的嵌套、稍复杂的模板代码逻辑、session 的用法，以及集合更新的使用。这是一个综合性比较强的示例，建议仔细体会。

4. 删除

文档的删除操作是使用 Collection.remove(id) 方法实现的，与 update() 方法类似，也需要指定目标文档的 ID。

继续在用户列表示例的基础上开发，在“修改”按钮后面新加一个“删除”按钮，单击后，弹出确认提示框，确认后，在集合中删除目标文档。

（1）修改用户信息条目模板，添加“删除”按钮

修改 client/useritem.html，代码如下：

```
<template name="useritem">
    {{#if isEditing}}
    <p> 姓名：
        <input id="username" value="{{name}}" />
    </p>
    <p> 年龄：
        <input id="age" value="{{age}}" />
    </p>
    <p>
        <button> 保存 </button>
    </p>
    {{else}}
    <li style="margin: 10px">name:{{name}} | age:{{age}} <span class="edit" style="color:red"> 修改 </span> <span class="remove" style="color:red"> 删除 </span></li>
    {{/if}}
</template>
```

（2）处理“删除”按钮的单击事件

修改 client/useritem.js，代码如下：

```
Template.useritem.helpers({
    isEditing: function() {
        var eid = Session.get('editid');

        var flag = this._id + '' == eid;
        return flag;
    }
});

Template.useritem.events({
    'click .edit': function(e, tpl) {
```

```
        e.preventDefault();
        var id = this._id;

        Session.set('editid', id);
    },

    'click button': function(e, tpl) {
        var name = tpl.$('#username').val();
        var age = tpl.$('#age').val();
        var id = this._id;

        Users.update({ _id: id }, { name: name, age: age }, function() {
            Session.set('editid', -1);
        });
    },

    'click .remove': function(e, tpl) {
        if (confirm('确定删除？')) {
            var id = this._id;
    // 调用集合的 remove 方法，删除
            Users.remove(id);
        }
    }

});
```

4.3.3 聚合

1. 聚合概述

MongoDB 中的聚合是指按条件对集合进行过滤，并对结果进行某些操作，例如求和、计算平均数、计算最大值与最小值，等等，最后输出处理过的数据。

我们来看一个 MongoDB 的官方示例，这样可以更好地理解聚合的概念。有一个 sales 集合，其中的内容为：

```
{ "_id" : 1, "item" : "abc", "price" : 10, "quantity" : 2, "date" :
ISODate("2014-03-01T08:00:00Z") }
```

```
{ "_id" : 2, "item" : "jkl", "price" : 20, "quantity" : 1, "date" :
ISODate("2014-03-01T09:00:00Z") }
{ "_id" : 3, "item" : "xyz", "price" : 5, "quantity" : 10, "date" :
ISODate("2014-03-15T09:00:00Z") }
{ "_id" : 4, "item" : "xyz", "price" : 5, "quantity" : 20, "date" :
ISODate("2014-04-04T11:21:39.736Z") }
{ "_id" : 5, "item" : "abc", "price" : 10, "quantity" : 10, "date" :
ISODate("2014-04-04T21:23:13.331Z") }
```

现在想根据年月日进行分组统计，计算每组的总销售额、每组包含的记录个数、每组 quantity 的平均值，具体实现的方法如下：

```
db.sales.aggregate(
   [
      {
        $group : {
           _id : { month: { $month: "$date" }, day: { $dayOfMonth: "$date" },
year: { $year: "$date" } },
           totalPrice: { $sum: { $multiply: [ "$price", "$quantity" ] } },
           averageQuantity: { $avg: "$quantity" },
           count: { $sum: 1 }
        }
      }
   ]
)
```

输出结果为：

```
{ "_id" : { "month" : 3, "day" : 15, "year" : 2014 }, "totalPrice" : 50,
"averageQuantity" : 10, "count" : 1 }
{ "_id" : { "month" : 4, "day" : 4, "year" : 2014 }, "totalPrice" : 200,
"averageQuantity" : 15, "count" : 2 }
{ "_id" : { "month" : 3, "day" : 1, "year" : 2014 }, "totalPrice" : 40,
"averageQuantity" : 1.5, "count" : 2 }
```

分析一下实现的思路，$group 是聚合的关键，其中的字段 _id、totalPrice、averageQuantity、count 就是最终结果中每条数据的字段。

_id 字段是必需的，是分组的依据，这里的用法是 _id : { month: { $month: "$date" }, day: { $dayOfMonth: "$date" }, year: { $year: "$date" } }。_id 由 3 个字段组成；month: { $month: "$date" } 是对集合文档中的 date 字段进行计算，求出日期中的月份值；同理，后面两个字段分别是计算日期中的日、年。所以这里就是计算出集合中每条记录的月、日、年，把值相同的记录放在一组，上面示例数据就会被分为 3 组。

totalPrice 字段的用法是 { $sum: { $multiply: ["$price", "$quantity"] } }。$multiply 是乘计算，$multiply: ["$price", "$quantity"] 的意思是把每条记录中的 价格 price 和数量 quantity 相乘；$sum 是和计算，$sum: { $multiply: ["$price", "$quantity"] } 的意思是对乘积结果进行相加，这样便求出了每组的销售总额。

averageQuantity 字段的用法是 { $avg: "$quantity" }，是使用 $avg 对每条记录中的 quantity 字段值求平均数。

count 字段代表此组中记录的数量，通过 { $sum: 1 } 执行加 1 操作，求出了记录的个数。

从这个示例中可以更形象地理解聚合的概念，就是通过 _id 指定分组的条件，然后对组内数据进行相应的计算，最后作为一个新的结果集输出。

2. 聚合示例

聚合操作在实际开发中是非常重要的。明白了聚合的概念还不够，本节我们实践一个小示例，深入体会聚合的用法。

本示例的需求是统计投资收益，列出投资的种类，以及每个种类下的投资项目。用户选择不同的种类或项目后，下面列出收益的统计结果，运行效果如图 4.2、图 4.3、图 4.4 所示。

投资统计

投资类别　全部

投资名称　全部

投资类别	投资名称	收益
艺术品	All	25000
股票	All	199
基金	All	118000

图 4.2　运行效果 1

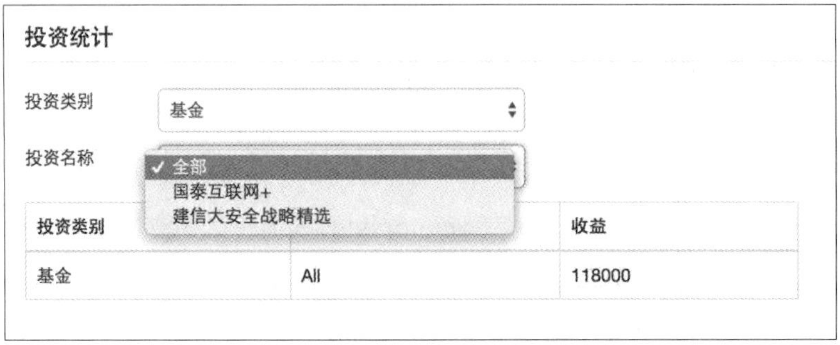

投资统计

投资类别　基金

投资名称　✓ 全部
国泰互联网+
建信大安全战略精选

投资类别		收益
基金	All	118000

图 4.3　运行效果 2

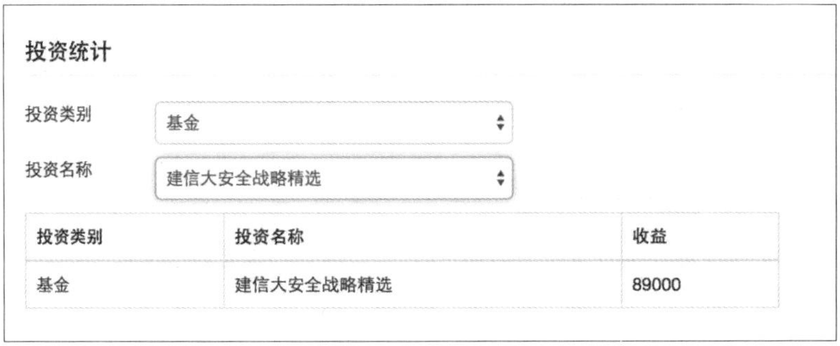

投资统计

投资类别　基金

投资名称　建信大安全战略精选

投资类别	投资名称	收益
基金	建信大安全战略精选	89000

图 4.4　运行效果 3

数据库集合中的实例文档如下：

```
{ type: '基金', name: '国泰互联网+', income: 29000 },
{ type: '基金', name: '建信大安全战略精选', income: 89000 }
{ type: '股票', name: '中国神车', income: 199 },
{ type: '艺术品', name: '行进中的人', income: 25000 }
```

字段 type 为投资种类，字段 name 为投资的名称，字段 income 为此投资的收益。

照例还是新建一个项目，命名为 aggregatetest，并添加需要的扩展包，执行如下命令：

```
meteor create aggregatetest
meteor add twbs:bootstrap
meteor add meteorhacks:aggregate
```

然后定义集合对象，新建 lib/collection.js，集合名称为 investment，代码如下：

```
Investments = new Mongo.Collection('investment');
```

接下来准备一些数据，新建 server/seeds.js，插入数据，代码为：

```
if (Investments.find().count() == 0) {
    Investments.insert({
        type: '基金',
        name: '国泰互联网+',
        income: 29000
    });

    Investments.insert({
        type: '基金',
        name: '建信大安全战略精选',
        income: 89000
    });

    Investments.insert({
        type: '股票',
        name: '中国神车',
        income: 199
    });

    Investments.insert({
        type: '艺术品',
        name: '行进中的人',
        income: 25000
    });
}
```

基础的准备工作完成了，下面就是编写代码，开发页面模板和处理逻辑。为了便于后续开发，我们先了解一下项目文件的结构（见图 4.5）。

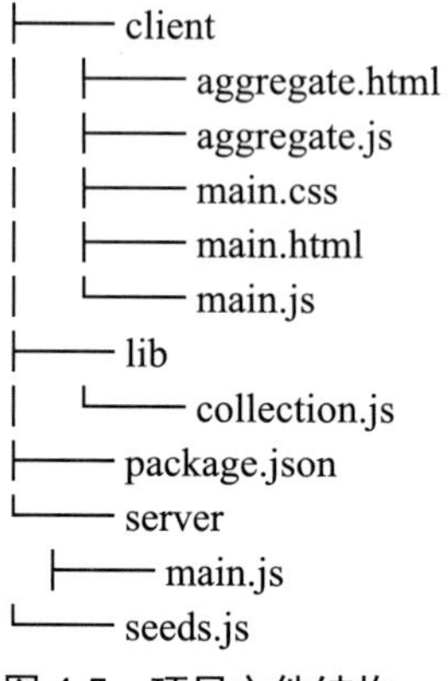

图 4.5 项目文件结构

除了默认文件，我们需要关注的是 模板文件 client/aggregate.html、逻辑处理文件 client/aggregate.js、集合操作文件 lib/collection.js。

先编写模板文件，新建 client/aggregate.html，代码如下：

```
<template name="aggregate">
    <h4 class="page-header">投资统计</h4>
    <div class="row">
        <div class="col-xs-1">
            投资类别
        </div>
        <div class="col-xs-3">
            <select data-filter class="form-control" name="invest_type">
                <option value="all">全部</option>
                {{#each investType}}
                <option value="{{this}}">{{this}}</option>
                {{/each}}
            </select>
        </div>
    </div>
    <div class="row">
        <div class="col-xs-1">
            投资名称
        </div>
        <div class="col-xs-3">
            <select data-filter class="form-control" name="invest_name">
```

```
                <option value="all">全部</option>
                {{#each investName currentType}}
                <option value="{{this}}">{{this}}</option>
                {{/each}}
            </select>
        </div>
    </div>
    <div class="row">
        <div class="col-xs-6">
            <table class="table table-bordered">
                <thead>
                    <tr>
                        <th>投资类别</th>
                        <th>投资名称</th>
                        <th>收益</th>
                    </tr>
                </thead>
                <tbody>
                    {{#each incomeItems}}
                    <tr>
                        <td>{{item.type}}</td>
                        <td>{{item.name}}</td>
                        <td>{{total}}</td>
                    </tr>
                    {{/each}}
                </tbody>
            </table>
        </div>
    </div>
</template>
```

这里的内容比较多，但不用担心。因为使用了 Bootstrap 的缘故，所以布局样式代码较多。实际上主要内容只有两块：顶部的两个 select，用于让用户选择投资类别和投资项目；下面是一个 table 表格，用于显示统计结果。

投资类别和投资名称是包含关系，所以需要联动。当选择了某个投资类别后，下面的投资名称列表中的内容自动变化。我们先实现两个 select 中数据的显示和联动效果。新建 client/aggregate.js，代码如下：

```
Template.aggregate.onCreated(function() {
    var template = Template.instance();
    template.currentType = new ReactiveVar('all');
    template.currentName = new ReactiveVar('all');
    template.total = new ReactiveVar();

});

Template.aggregate.helpers({
    investType: function() {
        var all = Investments.find();

        return _.uniq(all.map((item) => {
            return item.type;
        }), true);

    },
    currentType: function() {
        return Template.instance().currentType.get();
    },
    investName: function(currentType) {
        var cdt = {};
        if (currentType != 'all') {
            cdt = {
                type: currentType
            }
        }

        var ret = Investments.find(cdt);

        return ret.map((item) => {
            return item.name;
        });
    }
```

```
});

Template.aggregate.events({
    'change [name="invest_type"]': function(evt, tpl) {
        var currentType = evt.target.value;
        Template.instance().currentType.set(currentType);
    }
});
```

在模板的 onCreated() 方法中，初始化了几个响应式变量。currentType 用于记录投资类别 select 的值，currentName 用于记录投资名称 select 的值，total 用于记录统计结果的数据集合。

helper 中分别从数据库获取了投资类别、投资名称的数据，返回给模板显示。其中的 currentType 方法只是简单地返回了响应式变量 currentType 的值。此方法是配合模板中的 {{#each investName currentType}} … {{/each}} 这部分代码块，获取投资名称是根据当前选中的投资类别的值。

events 中定义了投资类别 select 的 change 事件。每当改变此 select 的值时，便触发此函数，修改响应式变量 currentType 的值。

这样便实现了联动效果。用户选择投资类别时，触发 change 事件修改响应式变量 currentType 的值。此值改变后，会自动使 helper 中的 investName 方法重新执行，因为这个方法关联了响应式变量 currentType。

完成了 select 部分，剩下的就是根据选择的投资类别和名称统计收益了。其中就需要用到聚合方法，这部分是关键，我们就先看一下聚合统计的实现方式。

本示例使用了聚合功能的扩展包 meteorhacks:aggregate。这个包有个特点，只能在服务器端执行，所以需要使用一个超前的知识——methods。通过 methods 可以调用服务器端程序。不用担心，其用法很简单，而且在后面的章节中会详细介绍。

聚合是定义在集合上的，所以就把代码放在 lib/collection.js 中，与集合对象的定义放在一起，便于维护。修改 lib/collection.js，添加代码：

```
Meteor.methods({
    getData: function(filter) {

        var group = {
```

```
            _id: {
                type: '$type'
            },
            total: {
                $sum: '$income'
            }
        };

        if (filter.name !== 'all') {
            group._id.name = '$name';
        }
        if (filter.type === 'all') {
            delete filter.type;
        }
        if (filter.name === 'all') {
            delete filter.name;
        }

        return Investments.aggregate({
            $match: filter
        }, {
            $group: group
        });
    }
});
```

Meteor.methods() 用来定义可在服务器执行的方法，参数为方法名和方法体的键值对，调用方法是 Meteor.call()，后面会看到。

getData 方法的逻辑比较简单。filter 是过滤集合的条件，格式为 {type:xxx, name:xxx}，group 中的 _id 为 {type:xxx} 或者 {type:xxx, name:xxx}，total 字段使用 $sum 对集合中每条记录的 income 进行加和，得到总收益。

聚合统计的方法定义完成，下面看调用和页面的显示。修改 client/aggregate.js。注意新加的代码和之前的代码有交叉，下面是此文件的完整代码：

```
Template.aggregate.onCreated(() => {
    var template = Template.instance();
```

```
    template.currentType = new ReactiveVar('all');
    template.currentName = new ReactiveVar('all');
    template.total = new ReactiveVar();

});

Template.aggregate.onRendered(function() {
    var template = Template.instance();
    template.autorun(function() {
        fetchData(template);
    });
});

Template.aggregate.helpers({
    investType: function() {
        var all = Investments.find();

        return _.uniq(all.map((item) => {
            return item.type;
        }), true);

    },
    currentType: function() {
        return Template.instance().currentType.get();
    },
    investName: function(currentType) {
        var cdt = {};
        if (currentType != 'all') {
            cdt = {
                type: currentType
            }
        }

        var ret = Investments.find(cdt);

        return ret.map((item) => {
```

```
            return item.name;
        });
    },
    incomeItems: function() {
        var items = Template.instance().total.get();

        if (items) {
            return items.map((item, index) => {
                var name = item._id.name;

                return {
                    _id: index,
                    item: {
                        type: item._id.type,
                        name: name ? name : 'All'
                    },
                    total: item.total
                };
            });
        }
    }
});

Template.aggregate.events({
    'change [name="invest_type"]': function(evt, tpl) {
        var currentType = evt.target.value;
        Template.instance().currentType.set(currentType);
    },
    'change [name="invest_name"]': function(evt, tpl) {
        var currentName = evt.target.value;
        Template.instance().currentName.set(currentName);
    }
});

function fetchData(template) {
    var filter = {
```

```
            type: template.currentType.get(),
            name: template.currentName.get()
        };
        Meteor.call('getData', filter, function(error, response) {
            template.total.set(response);
        });
    }
```

最后的 fetchData() 方法是重点，此方法中调用了 methods 中定义的 getData 方法，在回调函数中把得到的统计结果设置到响应式变量 total 中。

onRendered() 方法中调用了 fetchData()，使得模板在被渲染之前获取到了统计数据，使用了 template.autorun() 方法实现响应式处理。

模板中使用 helper 的 incomeItems 方法获取统计数据，incomeItems 方法从响应式变量 total 中取得所有统计结果，然后进行遍历处理，组织成供模板展示的结构。

数据展示的逻辑为：用户选择投资类别或投资名称的 select 后，导致响应式变量 currentType、currentName 发生变化，onRendered() 使用了响应式的 autorun() 调用 fetchData()，currentType、currentName 的变化就会触发重新执行 fetchData()，fetchData() 调用了服务器中的 getData() 执行聚合统计，并把结果放入响应式变量 total，total 的值变化后，便触发 helper 中的 incomeItems 重新计算，页面展示的数据随之变化。

这个示例的重点有两个：一是聚合方法的使用，二是响应式思路的应用。这个思路是 Meteor 开发中的主要思路，在之前或之后的示例中都会用到，应重点体会。

4.4 本章小结

本章介绍了 MongoDB 的操作方式，以及在 Meteor 中如何与 MongoDB 结合，并通过一些小的示例，让读者在实践中掌握了具体用法，也巩固了模板的相关知识，熟悉了前端页面展示，以及与数据库的沟通。想必大家已经有些小小的成就感了。在此可以看到 Meteor 的开发难度不高，但要弄懂其整体思路逻辑，以便后续触及更深、更广的知识范畴。

第5章
路由Iron.Router

当应用发展得更大、更复杂时，将会面对非常多的资源，例如模板、集合等。而路由就是整理这些资源的很好方式，根据唯一的URL来指定渲染哪个模板、关联哪些数据。

Meteor中比较流行的老牌路由是Iron.Router。本章将学习路由的安装、路由与模板的关系、路由与数据库的用法，以及如何创建服务器端的API。

5.1 路由介绍

在普通的Web站点中，单击一个链接后，浏览器与服务器的交互过程是这样的：

（1）浏览器的URL地址栏发生变化，跳到新的URL。

（2）浏览器根据新的URL向服务器发送请求。

（3）服务器收到请求后，对URL进行路由解析，找到是哪个动作负责处理此请求。

（4）服务器进行逻辑处理，请求数据库，组织HTML内容返回给浏览器。

（5）浏览器接收HTML响应内容，解析，显示到当前窗口。

浏览器负责向服务器发起请求、接收HTML响应，然后解析并显示，服务器负责路由解析、处理业务逻辑和数据库操作、组织生成HTML内容、返回给浏览器，是轻客户端、重服务器端的模式，如图 5.1 所示。

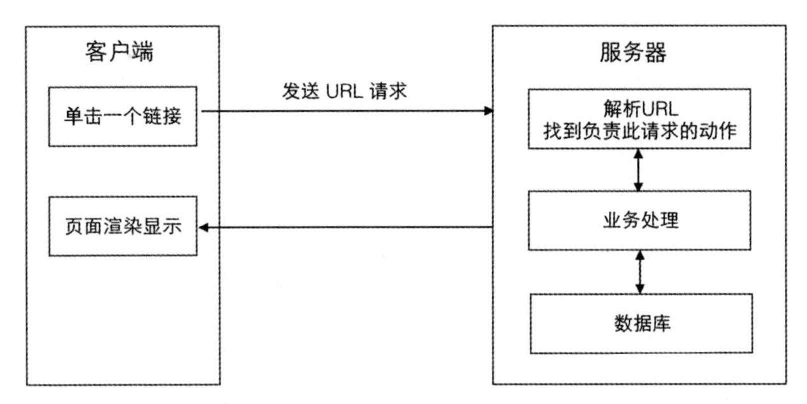

图 5.1 传统网站 URL 请求的交互过程

例如一个用户列表页面，浏览器当前的 URL 地址是 http://domain/userlist。其中某个用户的详细信息页面 URL 为 http://domain/user/1234，当用户单击此链接后，浏览器 URL 地址栏的内容就会跳转到 http://domain/user/1234，服务器接收请求后，根据自己的路由规则，找到负责处理用户信息的 action，获取 ID 为 1234 的用户详细信息，然后拼装 HTML 页面内容，返回给浏览器进行展示。

在 Meteor 中，开发的是重客户端的单页应用，客户端的职责更多一些。当单击一个链接后，通常的流程是这样的：

（1）监听此链接单击事件的处理函数被调用。

（2）在事件处理函数中进行逻辑处理，本地 mini 数据库操作、组织数据、构造 DOM，动态更新页面的 DOM 结构，使页面呈现出新的效果。

（3）如果涉及服务器端数据库的操作，则通过远程调用执行数据库操作。

在这个过程中，不会产生浏览器 URL 地址栏的跳转，不需要向服务器发送请求获取 HTML，大部分工作都由客户端完成，服务器只负责数据库的相关操作，是重客户端、轻服务器端的模式，如图 5.2 所示。

同样以用户列表为例，单击某用户的链接后，浏览器的 URL 地址不变，触发链接单击事件，事件处理函数获取用户 ID，从数据库查询此用户的 JSON 数据，事件处理函数把数据和相应的模板进行整合，直接在当前页面更新 DOM，显示出用户的详细信息。

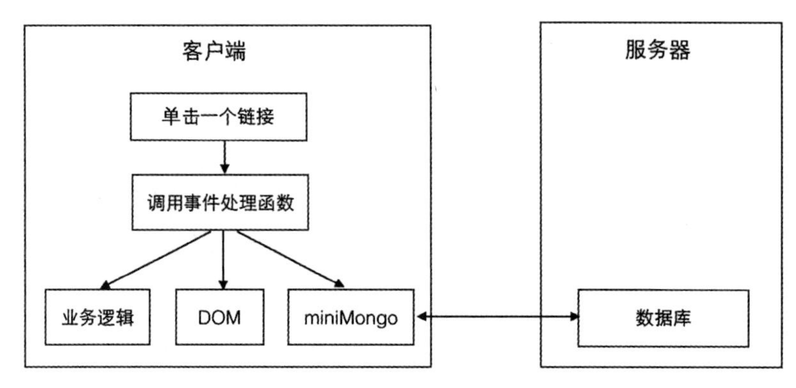

图 5.2　Meteor 中的 URL 请求处理过程

这个过程非常简洁，减轻了服务器的压力，也不需要页面跳转，用户体验很顺畅。现在很多应用均采用这种方式，例如 TODO LIST 就是一个典型的应用，整个操作过程在一个页面中完成，体验非常舒服。但在很多场景中，这种方式不能满足需求。因为 URL 还是非常必要的，是 Web 应用的基础。例如上面用户列表的例子，页面内容从列表变为详细信息后，再想回到列表界面时，大家会习惯单击浏览器的后退按钮，而实际上浏览器没有发生页面跳转，单击后退按钮后，便和自己想要的结果不一样了。再比如想分享某个用户详细信息，而浏览器的 URL 并不是此用户的 URL 地址，便无法分享；同样，也就无法在浏览器中收藏了。

所以，以 URL 为基础的路由是非常重要的，那么单页应用也非常需要一套完整的路由机制，既可以享用到单页的顺畅体验，也可以实现浏览器 URL 跳转的方式。

既然路由如此重要，Meteor 自然不能没有路由。Iron.Router 便是 Meteor 中的一个经典路由器，可以同时工作于客户端和服务器端。其在客户端，可以实现页面跳转的机制；在服务器端，可以创建 REST 接口。但 Iron.Router 的主要工作场景是在客户端。接下来的章节就开始介绍 Iron.Router 的详细使用方式。

5.2　客户端路由

5.2.1　体验 Iron.Router

Iron.Router 是由 Meteor 社区开发并维护的高质量路由扩展包，但 Meteor 并没有默认集成 Iron.Router。这充分体现了 Meteor 的开放生态理念，让开发者自由选择自己喜欢的路由。

Iron.Router 的官方文档地址如下：

http://iron-meteor.github.io/iron-router/

现在我们通过一个简单的示例来体验一下 Iron.Router。需求很简单，在导航条中有两个链接，主页的 URL 是"/","关于我们"的 URL 是"/aboutus",单击链接后，URL 地址栏发生变化，页面内容发生变化，具体实现步骤如下。

（1）创建项目

创建一个新的项目，用于本章中路由部分的实践练习，项目名称为 routertest。

```
meteor create routertest
```

启动项目：

```
cd routertest
meteor
```

因为新建项目中有默认代码，为了代码的整洁，我们先把无用代码清理掉。

修改 client/main.html 的内容为：

```
<head>
  <title>路由实践</title>
</head>

<body>

</body>
```

清空 client/main.js 的所有内容，再访问 http://localhost:3000 时，就只是显示空白了。

（2）添加 Iron.Router

因为 Meteor 中没有自带 Iron.Router，所以需要我们通过下面的命令来添加：

```
meteor add iron:router
```

成功添加后，就可以在整个项目中使用 Router 对象了，在客户端和服务器端代码中都可以使用。

（3）创建首页模板

首页模板文件命名为 home.html，是在用户访问路径“/”时显示的内容。其中包含了一个头部导航条和首页内容。因为头部导航在“关于我们”的模板中也存在，因此把它提取为一个公共的子模板。

新建导航条模板 client/nav.html，代码为：

```
<template name="nav">
    <nav>
    <a href="/">首页</a>
    <a href="/aboutus">关于我们</a>
    </nav>
</template>
```

新建首页模板 client/home.html，代码为：

```
<template name="homepage">
    {{> nav}}
    <p>首页 ......</p>
</template>
```

（4）创建“关于我们”页面模板

“关于我们”模板是在用户访问路径“/aboutus”时调用的，结构与首页相同。

新建 client/aboutus.html，代码为：

```
<template name="aboutus">
    {{> nav}}
    <p>关于我们 ......</p>
</template>
```

（5）创建路由控制

接下来就开始路由的配置了，Iron.Router 使用 Router 对象来控制路由，在哪儿使用呢？ Meteor 对项目文件结构没有严格的限定，路由的定义文件位置很随意。因为 Router 对象在客户端和服务器端都可以使用，所以路由文件放置到公共地方即可，不要放在 client 或者 server 目录中。

在第 4 章的实践项目中，我们创建了 lib 目录，放置公共的集合对象定义文件。

这里我们就同样把路由定义文件放置到 lib 目录下，路由控制文件命名为 router.js。

此时项目的文件结构如图 5.3 所示。

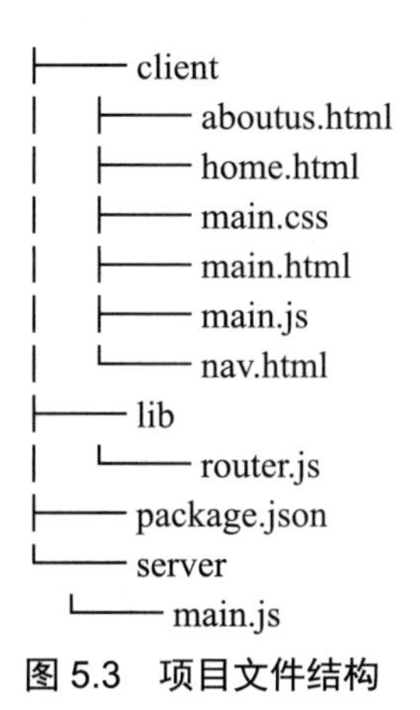

```
├──── client
│    ├──── aboutus.html
│    ├──── home.html
│    ├──── main.css
│    ├──── main.html
│    ├──── main.js
│    └──── nav.html
├──── lib
│    └──── router.js
├──── package.json
└──── server
     └──── main.js
```

图 5.3　项目文件结构

lib/router.js 中的代码如下：

```
Router.route('/', function(){
  this.render('homepage');
});
Router.route('/aboutus', function(){
  this.render('aboutus');
});
```

这时访问页面可以看到，我们的需求已经实现了，单击链接后，URL 地址和页面内容都正常变化，而且没有页面跳转的感觉，非常流畅。再打开一个新的浏览器窗口，访问 http://localhost:3000/aboutus 便会直接进入“关于我们”的页面，单击浏览器的后退、前进按钮时执行的动作也完全正确，非常棒。

再回过头来看看 lib/router.js 的代码，了解一下路由的实现方式。Router 对象有一个 route 方法，其需要两个参数：第一个参数是要匹配的路径，第二个参数是路径匹配之后要执行的动作。这里的动作很简单，只是调用 render() 方法渲染指定的模板。

当应用安装了 Iron.Router 后，Iron.Router 就会监控应用的 URL。当 URL 发生变化时，Iron.Router 就会自动对 URL 和 Router 中定义的路径规则进行匹配。如果找到匹配的，就立即执行相关联的动作。

5.2.2 布局模板

5.2.1 节中两个模板的布局结构很相似，都是上面引用公共子模板 nav，下面是自己的内容部分。在实际项目开发中，这种情况会很普遍，会有很多模板的布局在整体上是一致的，只有某个区域是自己的独特内容。这样的话，如果每个模板都定义一遍整体布局，会产生大量的重复代码，而且当整体布局需要变动时，就要修改很多模板文件，非常不易维护。

为了解决这个问题，Iron.Router 允许定义一个全局布局模板，其中使用 {{> yield}} 来表示要动态地引入其他模板。具体使用方式如下。

- 定义布局模板

  新建 client/layout.html，代码为：

```
<template name="layout">
    {{> nav}}
    {{> yield}}
</template>
```

- 修改首页和“关于我们”的模板

  修改 client/home.html，代码为：

```
<template name="homepage">
    <p> 首页 ......</p>
</template>
```

  修改 client/aboutus.html，代码为：

```
<template name="aboutus">
    <p> 关于我们 ......</p>
</template>
```

- 修改路由控制文件，添加布局模板的配置

  修改 lib/router.js，代码如下：

```
Router.configure({ layoutTemplate: 'layout' });

Router.route('/', function() {
    this.render('homepage');
});
```

```
Router.route('/aboutus', function() {
    this.render('aboutus');
});
```

这样就完成了。重新访问页面，会发现效果还和之前一样。

布局模板的配置是通过 Router.configure({ layoutTemplate: 'layout' }); 完成的，Router 对象提供了配置方法 configure()。其中有一项配置就是布局模板 layoutTemplate。后面的路由控制部分没有任何变动，还是使用 render() 方法来指定要调用的模板。

在没有定义布局模板时，render() 方法中指定了哪个模板，就直接调用哪个模板显示；而定义了布局模板后，就会先调用指定的布局模板，render() 方法中指定的那个模板会被放置到布局模板中的 {{> yield}} 位置。

布局模板会很常用，它大大减少了代码的复杂度，提升了代码的可读性和可维护性。同时，可能有人会有疑问："设置了布局模板后，不就使所有页面的布局都一样了吗？如果有个别页面结构不同时该怎么办？"

Iron.Router 也考虑到了这个问题，可以在 route() 方法中单独设置此路由需要使用的布局模板，这就解决了个性化模板的问题。下面就实践一下，添加一个新的页面"联系我们"，使用单独的模板，URL 定义为"/contactus"，"首页"和"关于我们"还是使用全局的布局模板。

（1）新建"联系我们"模板

新建 client/contactus.html，代码为：

```
<template name="contactus">
    <p> 没有导航 </p>
    <p> 联系我们 ......</p>
</template>
```

（2）在导航模板中添加"联系我们"的链接

修改 client/nav.html，代码如下：

```
<template name="nav">
    <nav>
    <a href="/"> 首页 </a>
    <a href="/aboutus"> 关于我们 </a>
```

```
    <a href="/contactus">联系我们</a>
    </nav>
</template>
```

（3）在路由控制文件中添加 /contactus 的路由

```
Router.configure({ layoutTemplate: 'layout' });

Router.route('/', function() {
    this.render('homepage');
});
Router.route('/aboutus', function() {
    this.render('aboutus');
});
Router.route('/contactus', function() {
    // 注意，没有使用 render，而是使用了 layout
    this.layout('contactus');
});
```

在新添加的 '/contactus' 路由中，没有使用 render() 方法来调用模板，而是使用了 layout() 方法来指定布局文件。因为我们这个示例比较简单，所以就直接使用 layout() 调用 contactus 模板显示了。如果实际应用中模板比较复杂，而且布局上也有一个以上的模板通用，那么就可以像 layout 模板一样，定义一个布局模板，然后在路由中指定布局，再指定模板，例如：

```
Router.route('/xxx', function() {
    this.layout('布局模板');
    this.render('此路由需要使用的模板');
});
```

5.2.3 路由中的数据操作

之前体验了路由的 URL 跳转功能，但都是静态的页面，动态信息的页面可能是我们更想要了解的。接下来通过实践一个动态的用户信息列表页面，来了解如何在路由中进行数据操作。

（1）创建用户列表的静态模板

新建 client/userlist.html，代码为：

```
<template name="userlist">
    <h1>用户列表</h1>
    <ul>
    {{#each users}}
    <li>姓名：{{name}} | 年龄：{{age}} | 爱好：{{favorite}}</li>
    {{/each}}
    </ul>
</template>
```

（2）向导航中添加“用户列表”链接

修改 client/nav.html，代码为：

```
<template name="nav">
    <nav>
    <a href="/">首页</a>
    <a href="/userlist">用户列表</a>
    <a href="/aboutus">关于我们</a>
    <a href="/contactus">联系我们</a>
    </nav>
</template>
```

（3）在路由控制文件中添加 /userlist 的路由

修改 lib/router.js，代码为：

```
Router.configure({ layoutTemplate: 'layout' });

Router.route('/', function() {
    this.render('homepage');
});
Router.route('/aboutus', function() {
    this.render('aboutus');
});
Router.route('/contactus', function() {
    this.layout('contactus');
```

```
});
Router.route('/userlist', function() {
    this.render('userlist');
});
```

访问浏览器页面，可以看到导航中已经有了“用户列表”的链接，单击后正确跳转。

（4）创建用户集合对象

新建 lib/collection.js，其中创建用户集合对象，代码为：

```
Users = new Mongo.Collection('users');
```

（5）准备数据库中的初始数据

现在数据库中还没有 users 这个集合和数据，需要插入一些数据供前端调用。可以使用之前的方法，在 mongo shell 中执行 insert 命令插入数据。这里我们换一个方式，使用代码插入初始数据，先判断集合是否为空，如果为空，就调用集合对象插入数据。

新建 server/seeds.js，写入初始化数据的代码，代码为：

```
if(Users.find().count() === 0) {
    Users.insert({
        name: 'Dell',
        age: 30,
        favorite: '电影'
    });
    Users.insert({
        name: 'Gates',
        age: 33,
        favorite: '看书'
    });
}
```

这个方法有个好处：Meteor 有个 reset 命令，可以重置项目的数据库。这个功能也比较常用。在开发过程中少不了要向数据库中添加各种测试数据，时间一长，测试数据就会比较多，显得很乱。这时就希望把数据清空，从头测试项目的各个功能，但有时我们却又希望项目中有一些初始数据。上面这个方式就很好地处理了初始数据的问题。执行 reset 命令清空数据库，然后当应用启动后还会插入初始化数据。

验证一下，先结束项目的运行，然后执行 meteor reset 命令清空项目数据，再执行 Meteor 命令启动项目，登录 mongo shell 查询 users 集合中是否已经有了代码中插入的数据，执行命令：

```
meteor reset
meteor
```

重新打开一个命令终端窗口，进入 mongo shell 终端，查询 users 集合：

```
meteor mongo

meteor:PRIMARY> db.users.find();
{ "_id" : "k3AAku9LHA6cDGagy", "name" : "Dell", "age" : 30, "favorite" : "
电影 " }
{ "_id" : "hQAZz3sgpR4NRLMPH", "name" : "Gates", "age" : 33, "favorite" : "
看书 " }
```

看到数据正确，说明数据初始化成功了。

（6）在路由中查询数据

修改 lib/router.js，代码为：

```
Router.route('/userlist', function() {
    this.render('userlist', {
        data: function() {
            return { users: Users.find() };
        }
    });
});
```

访问 http://localhost:3000/userlist，成功看到用户列表的数据。

在路由中返回动态数据也比较简单，在 render() 方法中指明要使用的模板和模板要使用的数据集，直接调用集合对象查询即可。

上面的用户列表中显示了全部信息。如果列表中只显示用户名，然后希望单击用户名后进入详细信息页面，这是一个非常典型的需求场景，应该如何实现呢？这就涉及在路由方法中接收动态参数，然后根据获取的参数从数据库中获取相应的数据。

在路由中指定动态参数的方式是这样的：

```
Router.route("/userdetail/:_id", function (){
    ......
    var uid = this.params._id;
    ......
});
```

在路径匹配字符串中使用冒号来定义一个动态参数，冒号后面是参数名，通过'this.params. 参数名来获取参数的值。

修改上面的用户列表页面，只显示姓名，并添加链接，可以进入详细信息页面。

修改 client/userlist.html，代码为：

```
<template name="userlist">
    <h1> 用户列表 </h1>
    <ul>
    {{#each users}}
    <li><a href="/user/{{_id}}">{{name}}</a></li>
    {{/each}}
    </ul>
</template>
```

新建用户信息模板 client/user.html，代码为：

```
<template name="user">
    <h2> 用户信息 </h2>
    <p> 姓名：{{name}}</p>
    <p> 年龄：{{age}}</p>
    <p> 爱好：{{favorite}}</p>
</template>
```

添加 /user/id 的路由控制，修改 lib/router.js，在其中添加代码：

```
Router.route("/user/:_id", function (){
    userinfo = Users.findOne({_id : this.params._id});
    this.render('user', {
        data : function (){
            return userinfo;
        }
```

```
    });
});
```

查看页面，从用户列表页面单击用户名链接，进入此用户的详细信息页面。

5.2.4　router hook

假设在“待办事项”这个应用中，进入事项列表、添加事项等页时都需要验证用户是否登录。如果每个路由中都判断一次是否登录，这样比较麻烦，能不能在这些路由方法被执行之前先判断一下呢？

hook 就是这样一个函数，提供了向路由处理过程中插入业务逻辑的能力。在下面的例子中，目标是在执行路由方法之前验证是否已经登录，只有在登录的情况下才继续执行，使用 onBeforeAction 这个 hook 方法告诉 router 我们想在执行 route 方法前执行这个动作。

```
Router.onBeforeAction(function () {
  // 在 route 方法中可用的属性在这里同样可用，例如 this.params

  if (!Meteor.userId()) {
    // 如果用户没有登录，渲染 Login 模板
    this.render('Login');
  } else {
    // 否则，继续执行后面的 hook 方法和 route 方法
    this.next();
  }
});
```

假设已经定义了一个路由：

```
Router.route('/admin', function () {
  this.render('AdminPage');
});
```

那么当用户访问 '/admin' 时，之前定义的 onBeforeAction 方法就会在 route 方法之前运行。如果用户没有登录，route 方法将不会被调用，AdminPage 模板也不会被渲染到页面。

hook 方法可以指定适用范围，如对哪些 route 起作用，或者对哪些 route 不起作

用，用法如下：

```
Router.onBeforeAction(myAdminHookFunction, {
  only: ['admin']
  // or except: ['routeOne', 'routeTwo']
});
```

可用的 hook 方法：

- onRun
  在 route 方法第一次执行时被调用，只被运行一次；再次执行 route 方法时不再调用，当代码发生变化后不再调用，应用被热加载后也同样不会被调用。
- onRerun
  和 onRun 相对应，此方法只有在再次执行 route 方法时才被调用。
- onBeforeAction
  在 route 方法执行前调用。如果想继续执行后续方法，就在此方法中调用 this.next()；否则，整个路由流程就停止。
- onAfterAction
  在 route 方法执行后被调用。
- onStop
  当 route 停止时被调用。

5.2.5 控制器

熟悉 Web 开发的读者都比较了解 MVC 模式了，它由 model view controller 组成。Meteor 并没有使用 MVC 模式，所以需要特别注意，Iron.Router 中的 controller（控制器）和 MVC 中的 controller 概念不同。接下来就学习一下 Iron.Router 中的 controller 是做什么的，以及如何使用。

在项目开发中，路由的控制通常都是写在一个文件中的，这样做非常便于快速了解整个项目结构。路由很像一个中枢系统，通过应用运行时的各个 URL 就可以到路由文件中找到对应的处理逻辑和使用的模板。所以在新成员加入团队后，可以快速地熟悉项目，或者在后期维护项目时也非常便利。

例如应用中有 URL /userlist，直接到 router.js 中找到 /userlist 的路由方法，就知道这个 URL 需要哪些数据、哪个模板负责显示了。

然而，路由控制都写在一个文件中也有负面影响。想象一下，当项目发展成很大规模时，路由的控制代码非常多，并且很多路由的处理逻辑也会很复杂，路由文件就会非常大，完全有可能达到数千行，那么上面说的好处也就大打折扣了。

如何在一个大项目中保持路由文件的清晰、整洁呢？这个重要任务可以通过 controller 来完成。在每个路由的设置中，只定义匹配规则，然后剩下的就交给 controller，controller 定义在另一个单独文件中。这样，路由文件是不是就非常简洁了？

下面对用户详细信息的路由进行改造，使用 controller 来处理逻辑。

修改 lib/router.js，移出 user 路由中的逻辑代码，给其指定一个 controller，代码为：

```
/*
Router.route("/user/:_id", function (){
    userinfo = Users.findOne({_id : this.params._id});
    this.render('user', {
         data : function (){
             return userinfo;
         }
     });
});
*/

Router.route("/user/:_id", { controller: 'UserController' });
```

通过对比，可以看到代码简洁了很多。

新建 lib/UserController.js，添加 controller 的逻辑代码：

```
UserController = RouteController.extend({
    template : 'user',
    data : function (){
        return Users.findOne({_id : this.params._id});
    }
});
```

访问用户列表页面，查看某用户的详细信息。其效果和之前的完全一样，但代码结构有了很大变化。之前的所有路由代码混在一个文件中；用了 controller 之后，路由文件的内容就变为一条条的路由匹配及指定 controller，例如：

```
Router.route('/', { controller: 'HomeController' });
Router.route('/user/:_id', { controller: 'UserController' });
......
```

每个 controller 又是一个独立文件，代码和文件结构非常清晰。

controller 继承

控制器可以继承自其他控制器。通过这个可继承特性，可以把一些公共逻辑提取到一个控制器中，然后其他控制器都继承自这个公共控制器，实现了控制器代码的可维护性，例如：

```
ApplicationController = RouteController.extend({
  layoutTemplate: 'ApplicationLayout',

  onBeforeAction: function () {
    // 自定义逻辑操作
    this.next();
  }
});

Router.configure({
  controller: 'ApplicationController'
});

// 继承自 'ApplicationController'，并可以覆盖其中的任何属性
PostController = ApplicationController.extend({
  layoutTemplate: 'PostLayout'
});

// 使用 PostController
Router.route('/posts/:_id', {
  name: 'post'
});
```

ApplicationController 是公共控制器，所有 route 都会使用它。post 这个路由使用了自己的控制器 PostController。PostController 继承自 ApplicationController，继续使用其中的 onBeforeAction 逻辑，自定义了 layoutTemplate 属性，实现部分个性化控制。

5.2.6　获取当前路由

在上面的实践示例中，进入任何一个页面后，导航中的链接都是一样的样式，用户从导航中看不出当前处于的位置。在导航中高亮当前所在页面，是个普遍的需求，可让用户非常直接地看到自己在应用中的位置。

为了实现这个功能，就要用到之前学到的全局 helper 了。因为多个模板都需要这个 helper 的帮忙，这个全局 helper 的作用是判断当前所在路由是否和传入的路由名称相同，如何知道当前是哪个路由？ Router 对象中提供了相应方法：

```
Router.current().route.getName()
```

这个方法用来获取当前路由的名称。这时，又涉及了一个新的概念"路由的名称"，即用来给一个路由定义一个名称，例如：

```
Router.route('/aboutus', {name:'aboutus'}, function() {
    this.render('aboutus');
});
```

将这个路由命名为"aboutus"，模板中可以直接使用这个名字。例如在导航模板中，"关于我们"的链接地址可以不使用"/aboutus"，而是使用 {{pathFor 'aboutus'}}，例如：

```
<a href="{{pathFor 'aboutus'}}">关于我们</a>
```

使用路由名称有个明显的好处，可以防止硬编码带来的后续问题。比如没有使用路由名称，模板中还是直接写"/aboutus"，若后来需要把"/aboutus"改为"/about"，则所有写有"/aboutus"这个地址的模板都需要修改。而如果模板中使用了路由名称，就不会有这个麻烦了。

再回到我们现在的需求中，需要路由名称的配合才能实现。

新建全局 helper client/GlobalHelper.js，代码为：

```
Template.registerHelper("isActive", function(routeName) {
    if (Router.current().route.getName() === routeName) {
        return 'active';
    }
});
```

注册了一个名为“isActive”的全局 helper，逻辑比较简单，取得当前的路由名称，然后和传入的名称相比较，如果相同，则返回“active”字符串。

修改 lib/router.js，在路由控制文件中设置路由名称，代码为：

```
Router.route('/aboutus', {name:'aboutus'}, function() {
    this.render('aboutus');
});
Router.route('/userlist', {name:'userlist'}, function() {
    this.render('userlist', {
        data: function() {
            return { users: Users.find() };
        }
    });
});
```

修改 client/main.css，添加一个样式，用于显示导航条中当前链接的不同样式，代码为：

```
/* CSS declarations go here */
.active {
    color : red;
}
```

添加了“.active”这个样式，只是简单地设置了文字为红色，用于区别其他链接。

在导航模板中使用全局 helper，设置当前导航的 active 样式，修改 client/nav.html，代码为：

```
<template name="nav">
    <nav>
    <a href="/">首页</a>
    <a href="/userlist" class="{{isActive 'userlist'}}">用户列表</a>
    <a href="/aboutus" class="{{isActive 'aboutus'}}">关于我们</a>
    <a href="/contactus">联系我们</a>
    </nav>
</template>
```

这里就以两个链接为例，调用 helper“isActive”，传入当前路由名称。如果返回了“active”这个字符串，就应用“.active”这个样式了。

5.3 服务器端路由

5.3.1 创建服务器端路由

现在我们已经熟悉了 Iron.Router 在客户端的很多用法。Iron.Router 也同样可以在服务器端创建路由。可以正常使用 Node.js 的 request 和 response 对象。如果想工作在服务器端，需要配置 { where: 'server' }，声明此路由是工作在服务器端的，示例代码如下：

```
Router.route( "users/:id/info/update", function() {
  // 处理逻辑代码
}, { where: "server" });
```

知道了如何定义服务器端路由，接下来重点熟悉一下如何在路由中接收请求发过来的数据和如何返回响应数据。

接收数据时，主要用到下面 3 个对象：

- this.params——路由中传递过来的参数。
- this.request.query——request 中的请求参数。
- this.request.body——request 请求体中的数据。

例如对一篇帖子执行更新操作，请求中传入了帖子 ID 和新的帖子内容，处理代码如下：

```
Router.route( "posts/:id/update", function() {
  var id = this.params.id,
      data = this.request.body;

  Posts.update( {
    "_id": id }, {
    $set: { data }
  });
}, { where: "server" });
```

这里使用 this.params.id 获取了路由中的参数，通过 this.request.body 取得了提交过来的新的帖子数据。

下面看这样一个请求：/posts/123/info?field=content。目标是取得 id 为 123 的帖子的信息。只要 content 这个字段的内容，这就涉及了 query 参数。可以使用 this.request.query 来获取。对于这个 URL，this.request.query 的值就是：

```
{ field: "content" }
```

定义路由的代码如下：

```
Router.route( "/posts/:id/info", function() {
  var id    = this.params.id,
      query   = this.request.query,
      fields  = {};

  fields[ query.field ] = qucry.field;

  var postinfo = Posts.findOne( { _id : id }, { fields: fields } );

  // ……其他代码

}, { where: "server" });
```

接收数据已经完成，然后就是如何返回响应数据。很简单，只需设置一下 response 对象，例如：

```
this.response.statusCode = 200;
this.response.end( obj );
```

this.response.statusCode 非常重要，客户端会根据不同的状态码进行不同的处理，例如 200 就代表成功，404 代表没有找到目标资源；this.response.end(obj) 用于返回具体数据的方法。返回响应信息的示例代码如下：

```
Router.route( "posts/:id/info", function() {
  var id    = this.params.id,
      query   = this.request.query,
      fields = {};

  var result = ...; // 查询
```

```
  // 如果 result 不为空，返回 200 状态码和查询结果数据
  if ( result ) {
    this.response.statusCode = 200;
    this.response.end( result );
  }

  // 否则返回 404 状态码和提示信息
  else {
    this.response.statusCode = 404;
    this.response.end( { status: "404", message: "not found" } );
  }
}, { where: "server" });
```

在 response 中设置 header 也是一个常用操作。这里假设我们的这个路由请求支持跨域。常用的方法是设置 header 中的 access-control-allow-origin。其值可以是“*”，表示允许来自任何地址的请求；也可以是某个具体的域名。示例代码如下：

```
Router.route( "/posts/:id/info", function() {
  this.response.setHeader( 'access-control-allow-origin', '*' );
}, { where: "server" });
```

5.3.2 Restful Routes

服务器端路由的典型场景就是创建 Restful Routes，用法如下：

```
Router.route( "/users/:name/info", { where: "server" } )
  .get( function() {
    // 如果是一个 GET 请求，返回此用户的详细信息
  })
  .post( function() {
    // 如果是一个 POST 请求，创建一个用户记录
  })
  .put( function() {
    // 如果是一个 PUT 请求，当此用户存在时，执行更新操作；如果不存在，新建用户
  })
```

```
  .delete( function() {
   // 如果是一个 DELETE 请求，删除此用户的记录
  });
```

通过这个链式结构，我们就可以定义一个 RESTFul 路由。当这个路由接收到请求后，会首先查看请求头信息中的操作类型，然后调用相应的方法。例如某个用户发起了一个 DELETE 请求，:name 参数值为 dell，URL 就是 /users/dell/info，这时路由匹配成功，并知道应该调用 .delete() 方法，执行其中定义的函数。

下面针对 users 集合做两个示例，即 get 获取 和 post 插入，代码为：

```
Router.route('/api/users', {
        where: 'server'
    })
    .get(function() {
        this.response.statusCode = 200;
        this.response.setHeader("Content-Type", "application/json;charset=
utf-8");

        this.response.end(JSON.stringify(
            Users.find().fetch()));
    });

Router.route('/api/insert/user', {
        where: 'server'
    })
    .post(function() {
        this.response.statusCode = 200;
        this.response.setHeader("Content-Type", "application/text;charset=
utf-8");

        this.response.end(JSON.stringify(Users.insert(this.request.body)));
    });
```

Iron.Router 对于 rest 不是非常专业，如果对 rest 的需求比较高，则可以使用 nimble:restivus 或者 simple:rest 扩展包。

5.3.3 HTTP 请求

本节内容其实与路由不相关，但与 5.3.2 节内容有关。上面我们学习了服务器端路由的用法，知道了如何开放 REST API 供他人调用。在实际开发中，我们还经常需要请求第三方的 API 服务，例如获取天气信息，这就涉及在我们的应用中发送 HTTP 请求沟通别人的服务。所以，本节就学习 HTTP 请求相关的内容。

1. 模拟 REST API

在发送 HTTP 请求之前，得有 API 可供调用，所以就需要先模拟 REST API。这里使用 json-server 来实现，json-server 的特点是无须开发任何代码，只需准备好一个 JSON 文件，就可以自动生成 REST API。

首先安装 json-server，执行命令：

```
npm install -g json-server
```

然后准备一个 JSON 文件，作为数据库，文件名为 db.json，内容如下：

```
{
  "posts": [{
    "id": 1,
    "title": "测试 json-server",
    "author": "dys"
  }]
}
```

启动 json-server，同时加载 db.json，在 db.json 所在位置执行命令：

```
json-server -p 3003 db.json
```

这里使用了参数 –p 指定端口为 3003。这是因为 json-server 的默认端口也是 3000，为了避免端口冲突，因而指定了其他端口。json-server 启动后的效果如图 5.4 所示。

```
\{^_^}/ hi!

Loading db.json
Done

Resources
http://localhost:3003/posts

Home
http://localhost:3003

Type s + enter at any time to create a snapshot of the database
```

图 5.4 json-server 启动后的信息

其中给出了可访问资源的路径为 http://localhost:3003/posts。在浏览器中访问此URL，效果如图 5.5 所示。

localhost:3003/posts

```
[
  {
    "id": 1,
    "title": "测试 json-server",
    "author": "dys"
  }
]
```

图 5.5 访问资源后的页面输出

这里输出了所有的 post 记录，是个 JSON 数组。还可以根据 id 来请求具体某个记录，例如访问 http://localhost:3003/posts/1，便会只显示出 id 为 1 的单条记录信息，效果如图 5.6 所示。

localhost:3003/posts/1

```
{
  "id": 1,
  "title": "测试 json-server",
  "author": "dys"
}
```

图 5.6 输出单条记录

通过浏览器的访问可以测试 GET 请求。下面测试 POST 请求，这里使用了 Firefox 的插件 HttpRequester，可以向指定的 URL 发送 POST 请求。

在 HttpRequester 中填写请求的 URL 为 http://localhost:3003/posts，Content Type 选择 application/json，在 Content 输入框中填入：

```
{
    "id": 2,
    "title": "测试 post",
    "author": "dys"
}
```

然后选择 POST 方式提交，下面的信息窗口中便会提示结果为 201，说明请求成功，效果如图 5.7 所示。

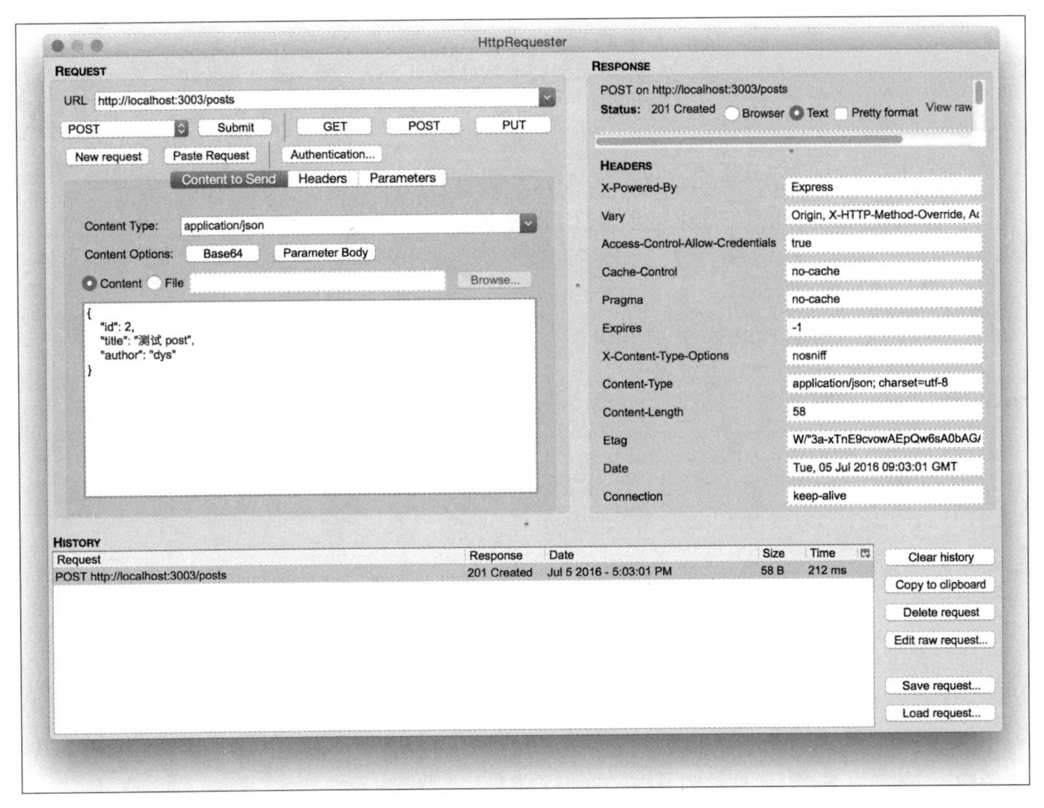

图 5.7　HttpRequester 界面

打开浏览器，再次访问 URL http://localhost:3003/posts，便会看到刚刚 POST 的

数据已经显示出来了，如图 5.8 所示。

```
localhost:3003/posts
[
  {
    "id": 1,
    "title": "测试 json-server",
    "author": "dys"
  },
  {
    "id": 2,
    "title": "测试 post",
    "author": "dys"
  }
]
```

图 5.8 查看 POST 结果

熟悉了如何模拟 GET 和 POST，对于后面练习发送 HTTP 请求已经够用。下一小节就开始使用模拟的 API 来实践 HTTP 请求。

2. HTTP

这里我们使用 HTTP 这个扩展包，包名很简单，就叫作 HTTP。先安装这个包：

```
meteor add http
```

HTTP 的标准用法如下：

```
HTTP.call('METHOD', 'http://url.to/call', {
    "options": "to set"
}, function(error, response) {
    // 处理响应信息或者错误信息
});
```

其中 4 个参数分别代表请求的方法（GET/POST/PUT/DELETE）、API 地址、配置信息、回调函数。接下来看一下示例代码。

（1）GET 请求

GET 是用来获取数据的，示例代码如下：

```
HTTP.call('GET', 'http://localhost:3003/posts', {}, function(error, response) {
    if (error) {
        console.log(error);
    } else {
        console.log(response);
        console.log('content 部分信息：');
        console.log(response.content);
    }
});
```

第 1 个参数设置了请求方法为 GET；第 2 个参数指定了要请求的 URL，这里使用上一小节模拟的那个 API；第 3 个参数是配置信息。这个请求很简单，不需要什么配置，设为空就好，回调函数中打印出了错误信息和响应信息。

执行后打印的信息如图 5.9 所示，response 中包含了 4 个对象：返回信息字符串 content、返回信息的数据对象 data、头信息 headers、状态码 statusCode。

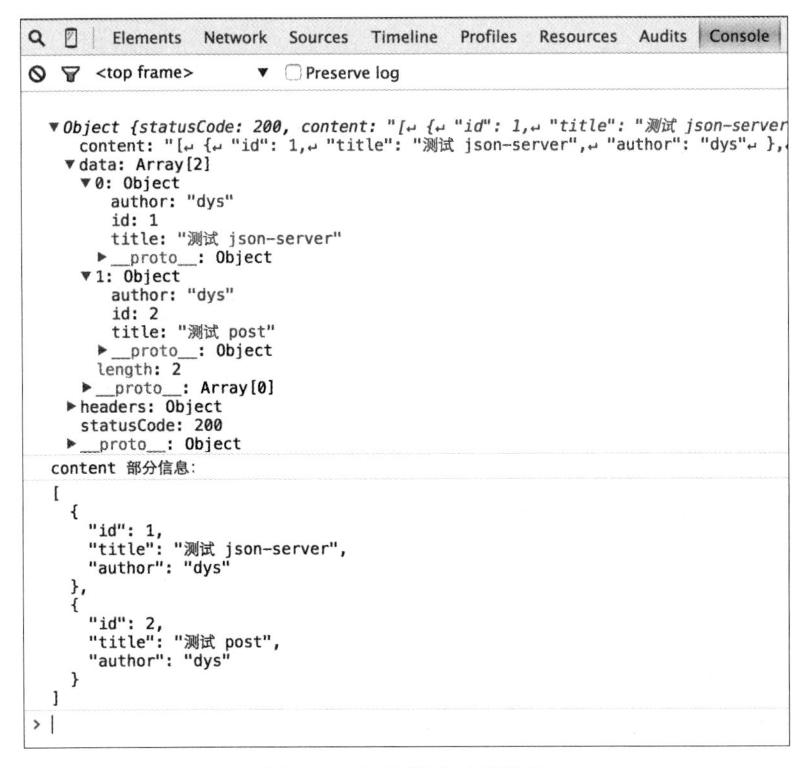

图 5.9　GET 请求结果信息

（2）POST 请求

POST 用来提交新增的数据，示例代码如下：

```
HTTP.call('POST', 'http://localhost:3003/posts', {
    data: {
        "id": 8,
        "title": "hello post",
        "author": "meteor http"
    }
}, function(error, response) {
    if (error) {
        console.log(error);
    } else {
        console.log(response);

    }
});
```

这里重点看一下第 3 个参数。配置了一个 data 参数，值是一个 JSON 数据，其格式与上一小节模拟的数据相同，会被放置到 request body 部分发送给目标 URL。

执行效果如图 5.10 所示，response 的结构与 GET 的相同，只是返回的数据中只有新提交的数据。

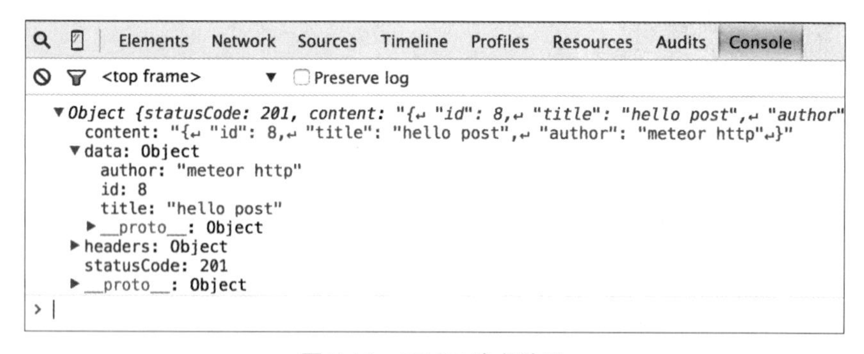

图 5.10　POST 请求结果

在浏览器中访问 http://localhost:3003/posts，相当于发送了 GET 请求，可以看到 POST 提交成功，列出了新的数据，如图 5.11 所示。

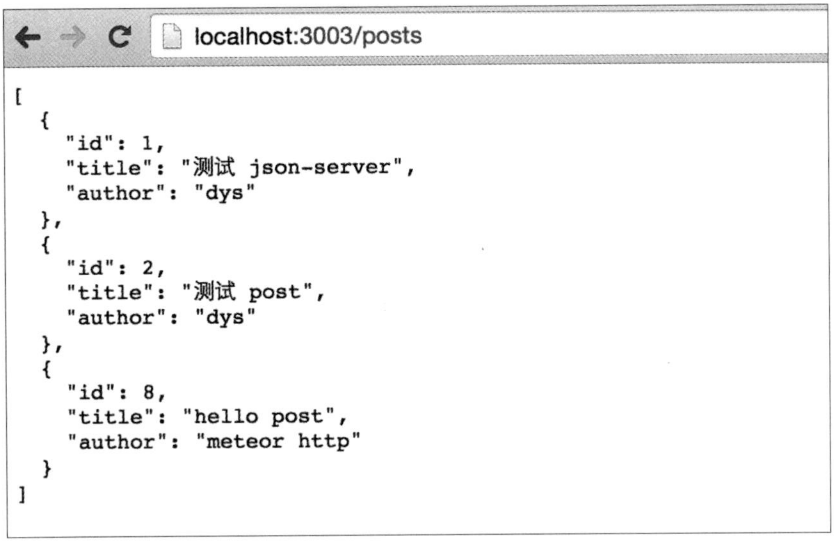

localhost:3003/posts

```
[
  {
    "id": 1,
    "title": "测试 json-server",
    "author": "dys"
  },
  {
    "id": 2,
    "title": "测试 post",
    "author": "dys"
  },
  {
    "id": 8,
    "title": "hello post",
    "author": "meteor http"
  }
]
```

图 5.11　POST 后的结果

（3）PUT 请求

PUT 用来修改数据。指定要修改的目标和新的数据，便可以对其修改，代码如下：

```
HTTP.call('PUT', 'http://localhost:3003/posts/8', {
    data: {
        "title": "update post",
        "author": "meteor http"
    }
}, function(error, response) {
    if (error) {
        console.log(error);
    } else {
        console.log(response);


    }
});
```

这里通过 URL 指定了具体的要修改的目标，就是刚刚新提交的数据，id 为 8，通过 data 设置了新的数据，title 由“hellp post”修改为“update post”，执行后输出的信息如图 5.12 所示，返回的数据为修改后的内容。

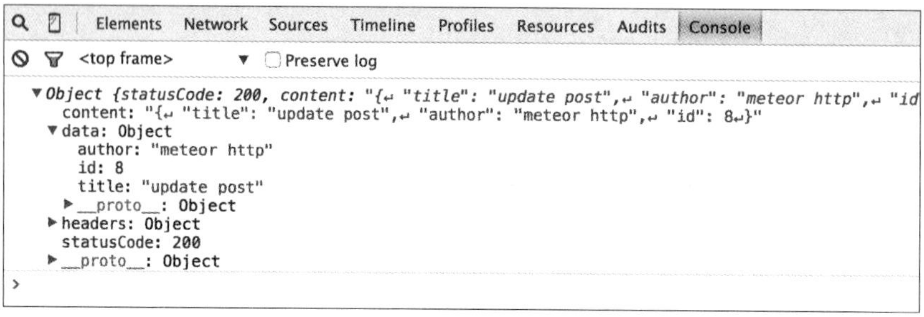

```
Elements Network Sources Timeline Profiles Resources Audits Console
<top frame> ▼ Preserve log
▼Object {statusCode: 200, content: "{↵ "title": "update post",↵ "author": "meteor http",↵ "id
  content: "{↵ "title": "update post",↵ "author": "meteor http",↵ "id": 8↵}"
 ▼data: Object
    author: "meteor http"
    id: 8
    title: "update post"
   ▶__proto__: Object
 ▶headers: Object
  statusCode: 200
 ▶__proto__: Object
>
```

图 5.12 PUT 后打印的信息

通过 GET 查看修改后的数据内容，结果如图 5.13 所示。可以看到 id 为 8 的那条数据的 title 信息已经改变。

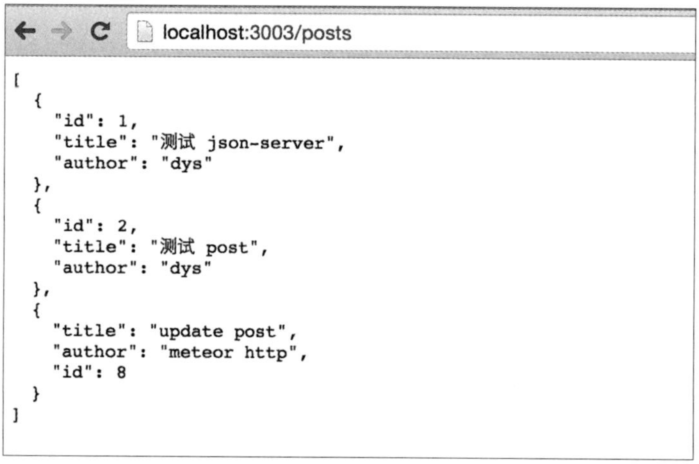

```
localhost:3003/posts
[
  {
    "id": 1,
    "title": "测试 json-server",
    "author": "dys"
  },
  {
    "id": 2,
    "title": "测试 post",
    "author": "dys"
  },
  {
    "title": "update post",
    "author": "meteor http",
    "id": 8
  }
]
```

图 5.13 PUT 后的数据

（4）DELETE 请求

DELETE 用来删除数据，指定具体目标资源即可删除，代码如下：

```
HTTP.call('DELETE', 'http://localhost:3003/posts/8', {}, function(error, response) {
    if (error) {
        console.log(error);
    } else {
        console.log(response);
    }
});
```

这里通过 URL 指定了删除目标是 id 为 8 的数据。执行后打印的信息如图 5.14 所示。返回的数据为空，因为已经删除了。

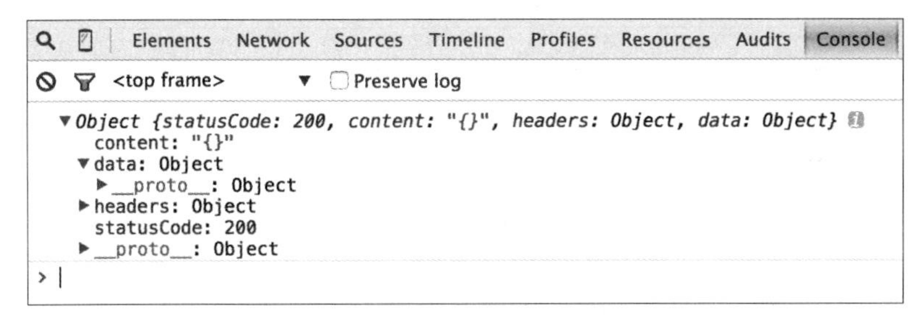

图 5.14　DELETE 后打印的信息

通过 GET 查看修改后的数据内容，结果如图 5.15 所示，可以看到 id 为 8 的那条数据已经没有了。

localhost:3003/posts

```
[
  {
    "id": 1,
    "title": "测试 json-server",
    "author": "dys"
  },
  {
    "id": 2,
    "title": "测试 post",
    "author": "dys"
  }
]
```

图 5.15　DELETE 后的数据

HTTP 的应用还是比较简单的，除了使用方法之外，还有就是配置信息的设置，表 5.1 对配置项进行了描述。

表 5.1　配置项

名　　称	类　　型	描　　述
content	String	设置到 request body 中的字符串
data	Object	设置到 request body 中，会覆盖 content 设置的内容
query	String	例如 ?key=value&some=data，会被追加到 URL 后面，并且会替换掉 URL 中已有的 query string
Params	Object	对于 GET，会被转为 query string；对于 POST，则会被转为字符串设置到 request body
Headers	Object	头信息的键值对

续表

名　称	类　型	描　述
timeout	Number	认定请求过期的时间值，单位是毫秒
followRedirects	Boolean	如果请求的 URL 返回的是个跳转，则此值决定是否跟随新的 URL

5.4 本章小结

通过路由的方式，使应用变为类似多页的形式，更有利于应用资源的管理。本章的重点是如何配置 Iron.Router 路由，在路由中关联模板和数据库操作的方式，以及如何通过 controller 使路由文件更易维护，还需了解服务器端 API 的构建方式。

第6章 用户系统

本章我们将学习如何向应用中添加一套用户系统，为什么是“添加”，而不是“开发”呢？这就是 Meteor 的强大之处。用户系统几乎是绝大部分应用中都必需的部分，那么 Meteor 就把这部分提取成为一个扩展功能，让我们可以“添加”到自己的应用中，无须开发，使应用快速具有注册、登录等常用功能。我们还会学习如何集成第三方用户登录系统，例如微博登录、QQ 登录。

6.1 用户系统介绍

用户系统在一个 Web 应用中可以说是一个基本组成部分了，大部分项目中都会涉及用户系统的开发，例如用户注册、用户登录、忘记密码等功能点，而开发流程也基本一样，例如用户信息存储、密码加密、登录验证、用户信息获取等。

Meteor 的理念是快速开发。既然用户系统是 Web 开发的基础部分，那么 Meteor 自然会提供对用户系统的支持，无须开发者从头开发整套用户相关流程。

Meteor 已经把用户信息的结构定义好了，下面是一个用户信息的示例：

```
{
  _id: "bbca5d6a-2156-41c4-89da-032f",  // Meteor.userId()
```

```
  username: "cool", // unique name
  emails: [
    // email 在整个集合中是唯一的
    { address: "cool@example.com", verified: true },
    { address: "another@different.com", verified: false }
  ],
  createdAt: Wed Aug 21 2013 15:16:52 GMT-0700 (PDT),
  profile: {
    // profile 对象中的数据可以让用户自由创建和更新，可以作为附加的用户信息
    name: "Joe Schmoe"
  },
  services: {
    // services 中定义的是特殊的登录逻辑数据
    // 例如下面的 facebook，集成了第三方登录插件 facebook 的配置信息
    // resume 记录了 token 信息，用于保持客户端的登录状态
    facebook: {
      id: "709050", // facebook id
      accessToken: "AAACCgdX7G2...AbV9AZDZD"
    },
    resume: {
      loginTokens: [
        { token: "97e8c205-c7e4-47c9-9bea-8e2ccc0694cd",
          when: 1349761684048 }
      ]
    }
  }
}
```

accounts-base 是 Meteor 中用户系统的基础包，提供了关于用户相关的核心功能，如下所示。

- Meteor.users()
  可以读取所有用户的信息。
- Meteor.user()
  用来读取当前用户的信息。

- Meteor.userId()

  只获取当前用户信息中的 _id 值。

- Meteor.loginWithPassword()

  执行登录操作，登录方式是使用密码。

- Meteor.logout()

  执行用户退出操作。

6.2 添加用户系统

6.2.1 基础用户系统

并不是每个应用都必须使用用户系统，所以在 Meteor 新项目中，不会默认包含用户系统，需要自己来安装用户系统扩展包。

我们还是新建一个项目，用于本章的实践练习，项目名称为 accountstest。

```
meteor create accountstest
```

运行应用：

```
cd accountstest
meteor
```

执行下面的两个命令，将会在项目中添加一个基础的用户系统工作流程，例如用户的注册、登录、密码修改等。

```
meteor add accounts-password
meteor add accounts-ui
```

第一个命令添加用户系统相关的后台功能，第二个命令添加了用户系统中各个操作的模板（登录、注册、密码修改）和相关样式。

执行这两个命令后，其相关依赖包也会自动添加。例如用户忘记了密码，需要重置密码，那么得使用 email 模块向注册邮箱发送重置密码的链接，accounts-password 会自动安装 email 模块；同样，accounts-ui 开发样式时，使用了 LESS 预处理器，则 LESS 包也会自动添加。

如果你不想使用默认样式，而是希望自己来控制，那么可以使用 accounts-ui-unstyled 来代替 accounts-ui。

用户系统已经添加到项目中，接下来就是使用它。其使用方式非常简单，只要在需要的地方添加一个标签即可，例如修改 client/main.html 为如下的代码：

```
<head>
    <title>用户系统</title>
</head>

<body>
    <div class="navbar">
        {{>loginButtons }}
    </div>
</body>
```

其中只是添加了一行引用模板的代码 {{> loginButtons }}，打开浏览器查看页面效果，如图 6.1 所示。

loginButtons 会创建一个可扩展的弹出层，提供登录、注册、忘记密码功能，单击“Sign in”按钮查看效果，如图 6.2 所示。

图 6.1 添加用户系统的运行效果

图 6.2 弹出层效果

单击右下角的“Create account”链接进入注册界面，如图 6.3 所示。

图 6.3 注册界面

输入测试用户信息，例如 Email 填写为 test@test.com，Password 填写为 111111，单击“Create account”按钮后完成注册，并会自动登录，弹出层消失，显示刚刚注册的用户信息，如图 6.4 所示。

图 6.4 注册后的界面

Email 后面有一个倒三角图标，能够展开，单击后可以修改密码和执行退出，如图 6.5 所示。

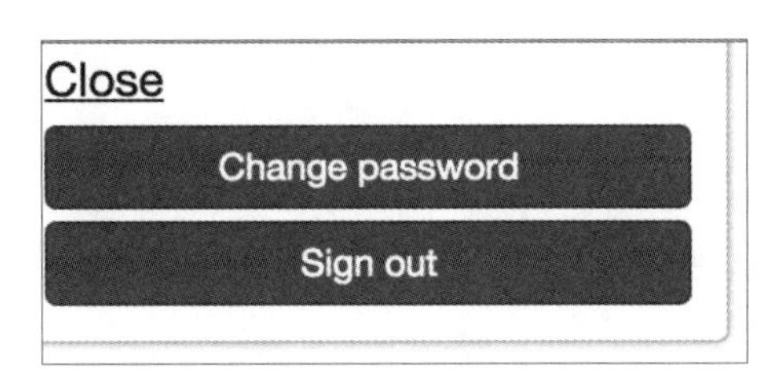

图 6.5 单击下三角图标后的弹出层

其他功能就不一一测试了，读者可以自己测试体验。可以看到，只引用了一行代码，用户注册、登录、修改密码、忘记密码、获取用户信息等基本功能就都有了，真的非常方便。

我们到 MongoDB 中验证一下刚注册的用户信息，看存储结构是什么样的，先进入 mongo shell 终端，然后查询用户集合：

```
meteor mongo
meteor:PRIMARY> db.users.find();
```

下面是登录前的查询结果：

```
{
    "_id": "oftZtrWfFJz5ckTWr",
    "createdAt": ISODate("2016-06-07T12:19:48.337Z"),
    "services": {
        "password": {
            "bcrypt": "$2a$10$NIu4rTf4HX.Fa0yByxDMR.z360dxOSbZEUuZjkvnR2odE
dNb0yuLG"
        },
        "resume": {
            "loginTokens": [

            ]
        }
    },
    "emails": [
        {
            "address": "test@test.com",
            "verified": false
        }
    ]
}
```

下面是登录后的查询结果：

```
{
    "_id": "oftZtrWfFJz5ckTWr",
    "createdAt": ISODate("2016-06-07T12:19:48.337Z"),
```

```
    "services": {
        "password": {
            "bcrypt": "$2a$10$NIu4rTf4HX.Fa0yByxDMR.z360dxOSbZEUuZjkvnR2odE
dNb0yuLG"
        },
        "resume": {
            "loginTokens": [
                {
                    "when": ISODate("2016-06-07T12:26:18.026Z"),
                    "hashedToken": "FD+obMk6dgqPyELR8KmgjhN6hKhrI64gCtsWf9b
uvMw="
                }
            ]
        }
    },
    "emails": [
        {
            "address": "test@test.com",
            "verified": false
        }
    ]
}
```

登录前后的区别就是 services.resume.loginTokens 部分，登录前是空的，登录后记录了 token 的 hash 值和登录时间。

services.password 记录了加密后的密码，emails 中是注册时使用的邮箱地址，整体结构很清晰，容易理解。

6.2.2 在独立页面中注册登录

前面体验了弹出层形式的登录注册，非常简便。但我们通常还会需要使用单独的页面进行登录和注册操作，例如图 6.6 所示的效果。

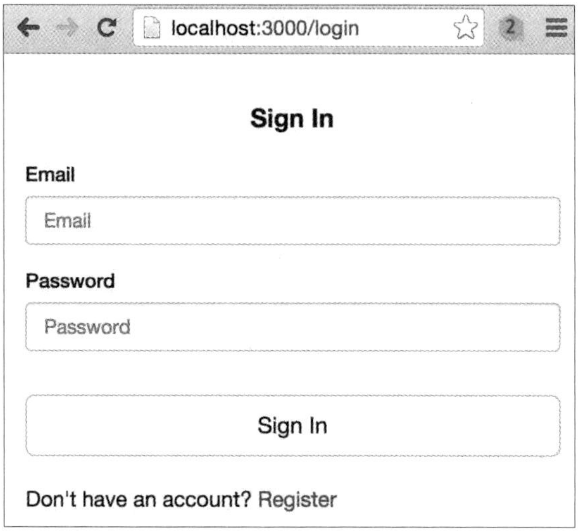

图 6.6　单独的注册登录页面

在独立的“/login”页面显示登录表单，这个应该如何实现呢？也非常简单，不需要自己编码，安装扩展包即可。接下来做一个示例，体验独立页面的登录注册。

1. 需求描述

有两个页面，即首页和登录页，对应的 URL 分别是“/”和“/login”。首页中显示“登录”链接，单击后进入登录页面，登录后，跳回首页。因为已经登录，首页中不再显示“登录”链接，而是显示用户信息和“退出”链接。

2. 具体实现

首先要安装需要的扩展包。独立登录页面是使用 useraccounts:bootstrap 这个扩展实现的。因为它是基于 Bootstrap 的，那么就需要一个 Bootstrap 的扩展，可以使用 twbs:bootstrap，执行安装命令：

```
meteor add useraccounts:bootstrap
meteor add twbs:bootstrap
```

因为用到了 URL 路由，所以需要安装 Iron.Router，同时还需要一个 useraccounts 的路由扩展 useraccounts:iron-routing，执行安装命令：

```
meteor add iron:router
meteor add useraccounts:iron-routing
```

我们先把之前的登录按钮去掉，修改 client/main.html，把 body 部分内容清空：

```
<head>
    <title>用户系统</title>
</head>

<body>
</body>
```

创建登录页面模板，新建文件 client/login.html，内容为：

```
<template name="login">
 {{> atForm}}
</template>
```

其中的 {{> atForm}} 标签用来显示登录表单。

创建登录页面“/login”路由，新建 lib 目录，在其中创建路由控制文件 router.js，代码为：

```
Router.route('/login', {name: 'login'});
```

这时访问 http://localhost:3000/login 就可以看到如图 6.6 所示的效果了。

创建首页模板，新建文件 client/index.html，代码如下：

```
<template name="index">
    <h1>首页</h1>
    {{#if islogin}}
        <p>ID : {{user.id}}</p>
        <p>EMAIL : {{user.email}}</p>
        <a id='btn_logout' href="">退出</a>
    {{else}}
        <a href="/login">登录</a>
    {{/if}}
</template>
```

其中有逻辑判断，根据 islogin 的返回值是否为 true 来决定显示登录的用户信息，还是登录链接。

创建 index 模板的 helper，定义 islogin 辅助方法，新建文件 client/index.js，代码如下：

```
Template.index.helpers({
    islogin: function() {
        return Meteor.userId();
    },
    user: function() {
        return {
            id: Meteor.user()._id,
            email: Meteor.user().emails[0].address
        };
    }
});

Template.index.events({
    'click #btn_logout': function(event, template) {
         AccountsTemplates.logout();
    }
});
```

定义了 helper 和事件处理，helper 中有判断用户是否登录的方法和获取登录用户信息的方法。

Meteor.userId() 用来返回登录用户的 ID，如果没有登录，就会返回 false。

在 user 方法中获取 id 使用了 Meteor.user()._id。和 Meteor.userId() 结果相同，这只是两种不同的方式，Meteor.user() 可以获取到登录用户的所有信息。

在事件处理部分，监听了“退出”链接的单击事件，触发后执行退出操作，AccountsTemplates.logout() 是 useraccounts 扩展中的退出登录方法。

添加首页“/”路由，修改 lib/router.js 内容为：

```
Router.route('/', {name: 'index'});
Router.route('/login', {name: 'login'});
```

访问 http://localhost:3000 进入首页，单击“登录”链接，进入“登录”页面，登录后跳转回首页，显示登录的用户信息，完成示例。

6.3　用户系统的配置

6.3.1　文字国际化

注册登录流程已经正常，但现在页面中显示的文字还是英文，怎么变成中文呢？安装 useraccounts 扩展时已经自动安装了 accounts-T9n 国际化语言包，使用 T9n 不仅可以变成中文，还可以变成其他几十种语言。

使用 T9n.setLanguage(' 语言编码 ') 就可以设置成要使用的语言文字，简体中文的编码为 zh-CN。这个设置要很靠前，我们把它放在 Meteor 启动时。

在 lib 目录下新建配置文件 config.js，代码为 :

```
if (Meteor.isClient) {
    Meteor.startup(function() {
        T9n.setLanguage('zh-CN');
    });
}
```

设置 T9n 的代码只需要在客户端使用，而 lib 目录下的文件是在服务器和客户端下都执行的，所以需要对执行环境进行判断。Meteor.isClient 判断是否为客户端 ；相对应地，还有一个判断是否为服务器端的代码 Meteor.isServer。Meteor.startup() 方法的作用是设置在 Meteor 启动时要执行的动作，这里就是在启动时设置国际化语言编码。

现在进入“/login”登录页面时，显示的就是中文了，如图 6.7 所示。

知道了简体中文编码是 zh_CN，还想知道其他语言编码怎么办？可以查看 accounts-T9n 扩展的官方文档。

打开网址 https://atmospherejs.com，这是 Meteor 扩展的网站，包含了所有扩展包。在搜索框中输入“T9n”，会自动列出包含这个名字的扩展，单击“softwarerero:accounts-t9n”这个扩展，进入详情页面，其中就有各个语言的编码列表。

还有一个方法，可以在浏览器控制台中查看，例如使用 Chrome 浏览器，进入开发者模式的 Console 窗口，执行 T9n 对象的内置方法 getLanguages()，便会显示出所有支持的语言编码，如图 6.8 所示。

登录

Email

Email

密码

密码

登录

没有账户？ 注册

图 6.7 汉化后的效果

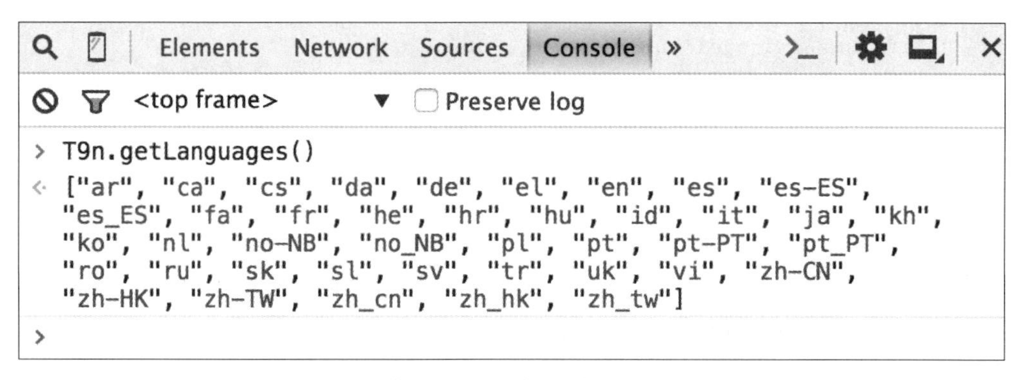

图 6.8 在浏览器控制台中查看支持的语言编码

这个方法很有用，可以让我们快速地知道现在的语言编码。不知道为什么，T9n 中的语言编码会变，我就遇到过 zh_cn 和 zh_CN 的变化，所以使用这个方法验证一下比较可靠。

自动切换语言

上面显式地设置了语言编码 zh-CN，如果我们的网站是可以让多个国家访问的，那么最好是可以根据浏览器中的语言来自动设置语言编码。

使用 window.navigator.language 可以获得浏览器当前使用的语言编码，再通过 T9n.setLanguage() 进行设置，这样就实现了自动切换。

修改 lib/config.js 的内容为：

```
if (Meteor.isClient) {
    Meteor.startup(function() {
        // 取得浏览器当前的语言编码
        var lang = window.navigator.language || window.navigator.userLanguage;
        console.log(lang);

        // T9n 中有的语言编码和浏览器的语言名称大小写不一致
        // 可以自己根据情况进行转换
        //lang = lang.toLowerCase();

        // 执行 T9n 的语言设置
        T9n.setLanguage(lang);
    });
}
```

获取浏览器当前语言时使用了两个方法 window.navigator.language 和 window.navigator.userLanguage，这是考虑了浏览器的兼容性问题。

接下来使用 console.log(lang); 打印出获取的浏览器语言编码，然后又对其进行小写转换，这个步骤是为了对比浏览器语言编码和 T9n 支持的语言编码，它们有可能会不一致，这时就需要手动进行转换。

6.3.2　配置注册信息项

用户注册页面默认项只有 email 和密码，体现了 Meteor 的简洁风格。使用 email 注册，只要正确输入自己的邮箱地址，就可以保证不重复。如果使用用户名注册，可能产生输入多次都发生用户名已存在的情况，用户体验不好；而且密码重置时，可以直接给注册邮箱发送邮件。

Meteor 的用户注册不仅简洁，而且强大。当默认配置不能满足项目需求时，可以进行自定义配置，其中就包括自定义注册信息项，例如添加一个“用户名”注册项。

可以使用 useraccounts 扩展中的 AccountsTemplates.addField(options) 方法来配置输入项，例如：

```
AccountsTemplates.addField({
```

```
_id: 'username',
type: 'text',
required: true,
displayName: 'username'
});
```

_id 的值会作为 key 插入到数据库，其他几项的含义很好理解，从名字就可以看出来。

addField() 方法用来添加一个输入项。如果希望一次添加多项，则使用 addFields() 方法实现，例如：

```
AccountsTemplates.addFields([
    {
        _id: 'phone',
        type: 'tel',
        displayName: "电话",
    },
    {
        _id: 'fax',
        type: 'tel',
        displayName: "传真",
    }
]);
```

可以添加输入项;相对应地，也可以删除某个现有的输入项，例如删除 email 项，用法如下：

```
AccountsTemplates.removeField('email');
```

接下来做一个小示例，假设我们想要一个效果如图 6.9 所示的注册表单。

图 6.9 自定义注册信息项

原有的输入项是 email 和密码，这里去掉了 email，添加了“用户名”和“手机”，修改 lib/config.js，代码为：

```
if (Meteor.isClient) {
    Meteor.startup(function() {
        var lang = window.navigator.language || window.navigator.userLanguage;
        console.log(lang);
        // T9n 中有的语言编码和浏览器的语言名称大小写不一致
        // 可以自己根据情况进行转换
        //lang = lang.toLowerCase();
        T9n.setLanguage(lang);
    });



}



AccountsTemplates.removeField('email');
AccountsTemplates.removeField('password');
```

```
AccountsTemplates.addFields([
    {
        _id: 'username',
        type: 'text',
        required: true,
        displayName: 'username',
        placeholder: ' '
    },
    {
        _id: 'password',
        type: 'password',
        required: true,
        displayName: '密码',
        placeholder: ' '
    },
    {
        _id: 'password_again',
        type: 'password',
        required: true,
        displayName: '密码确认',
        placeholder: ' '
    },
    {
        _id: 'phone',
        type: 'tel',
        displayName: "手机",
        placeholder: ' '
    }
]);
```

先删除了预置的 email 和 密码项，然后全部使用自定义的输入项。required 为 true 表示必填项;如果值为 false 或者不写,表示是可选项,会在表单中自动标识出“可选项”。placeholder 的作用是配置输入框内部的占位提示信息，如果不想要提示，可以使用空格占位。

还可以对输入项设置验证规则，例如密码项，要求必须是6位以上的小写字母，代码为：

```
{
    _id: 'password',
    type: 'password',
    required: true,
    displayName: '密码',
    placeholder: ' ',
    re: /^[a-z]{6,}$/,
    errStr: '6位以上小写字母',
}
```

在此需要说明以下两点。

- re：配置了正则表达式验证规则。
- errStr：定义不符合验证规则时显示的错误信息。

useraccounts扩展的功能非常强大。鉴于篇幅有限，这里只介绍了其基本的自定义配置，更多的用法可以到https://github.com/meteor-useraccounts/core/blob/master/Guide.md上查看官方文档。

6.4 第三方登录集成

在现在的Web应用中，集成第三方的用户登录是非常普遍的，对用户来讲的确很方便，常用的就是QQ登录、微博登录。在Meteor中和它们的集成也极为方便。下面就了解一下和第三方用户验证系统的集成方式。

6.4.1 QQ登录

首先安装QQ登录的相关扩展包，在项目的目录下执行如下两个命令：

```
meteor add leonzhang1109:accounts-qq
meteor add service-configuration
```

添加QQ的服务配置代码，修改client/config.js文件，在Meteor.startup()方法内

添加 QQ 服务的配置信息：

```
if (Meteor.isClient) {
    Meteor.startup(function() {
    ......

        ServiceConfiguration.configurations.remove({
            service: "qq"
        });
        ServiceConfiguration.configurations.insert({
            service: "qq",
            clientId: "1007346",
            scope: 'get_user_info',
            secret: "5db1a028c85250a7b5cb23"
        });
    });
}
```

访问 http://localhost:3000/login 查看运行效果，如图 6.10 所示。

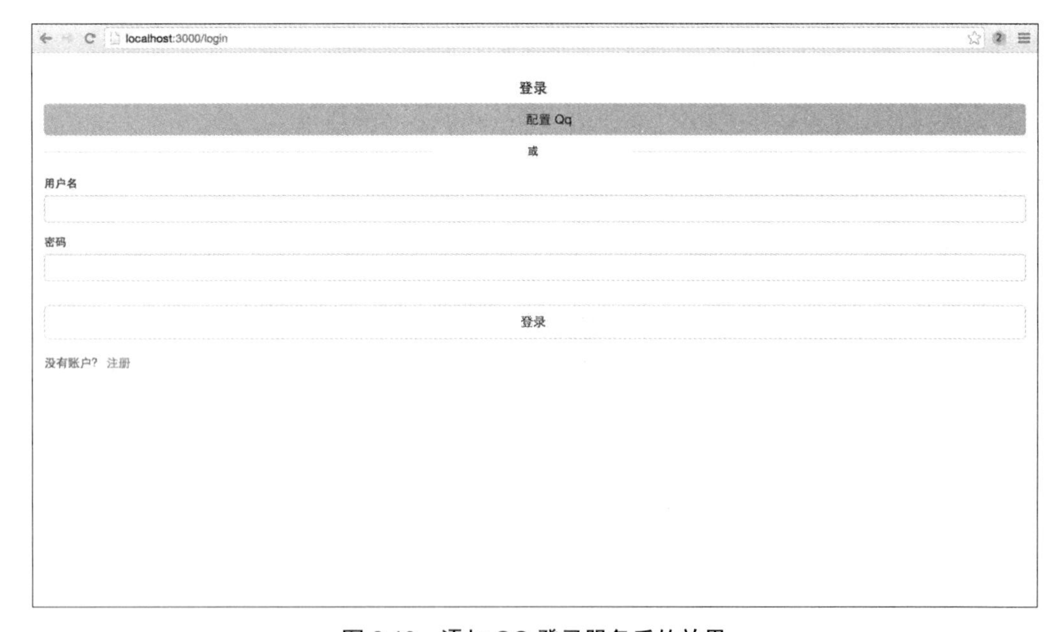

图 6.10 添加 QQ 登录服务后的效果

可以看到新增了一个“配置 Qq”的按钮，单击后的效果如图 6.11 所示。

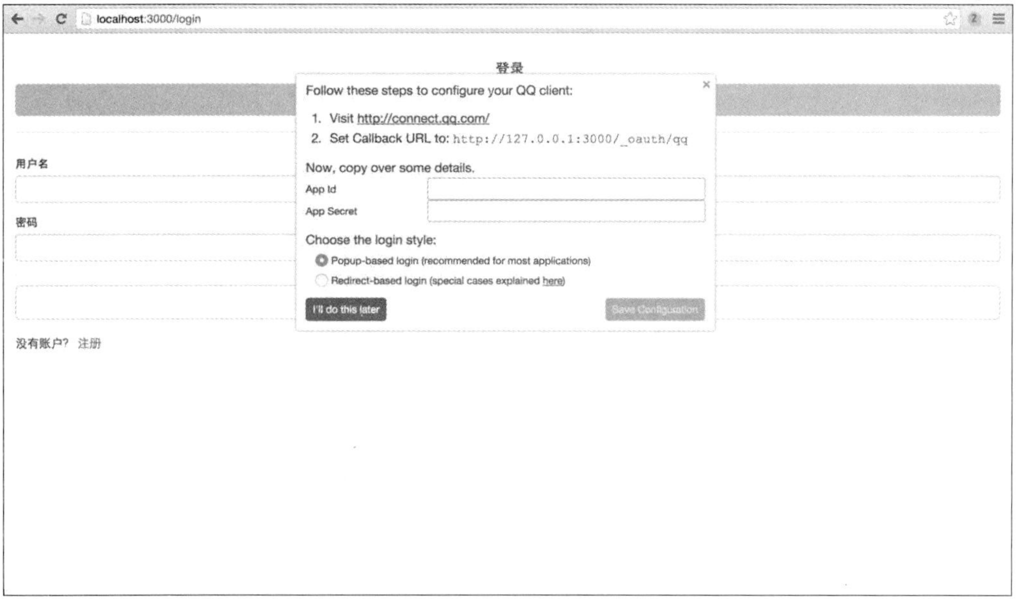

图 6.11　QQ 登录服务配置窗口

因为上面添加的配置代码中的 clientId 和 secret 都是假的，所以需要去 QQ 开放平台申请。

申请步骤

（1）打开 QQ 开发平台网站 http://connect.qq.com/。

（2）到管理中心创建应用，填写好应用信息，之后就可以得到 APP ID 和 APP KEY。

（3）这时再访问登录页面时，便会出现 QQ 登录的按钮，如图 6.12 所示。

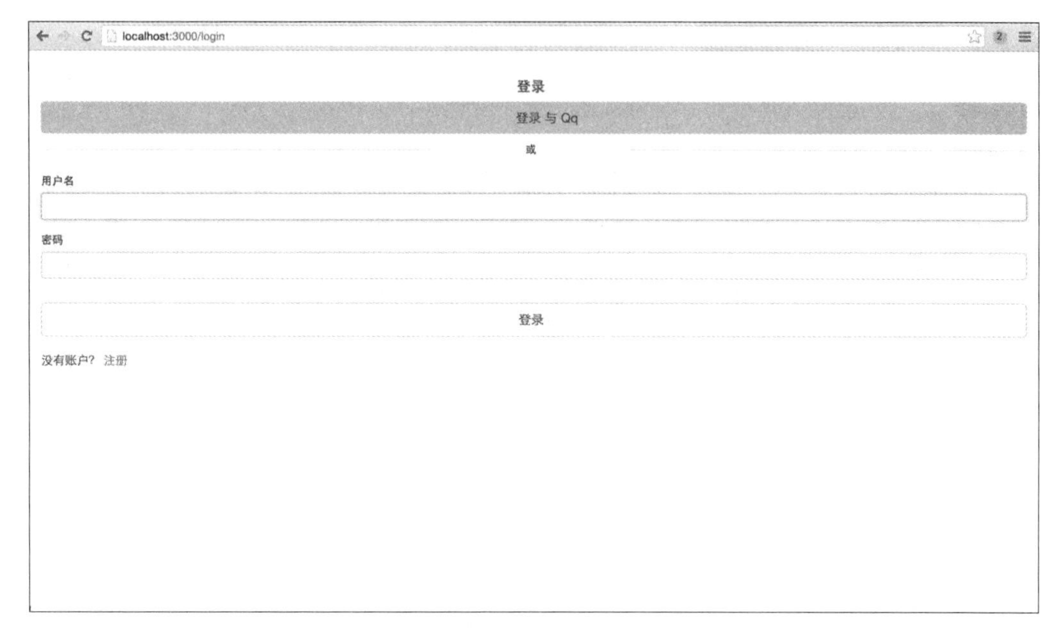

图 6.12 配置好 QQ 登录服务后的效果

（4）单击 QQ 登录按钮后，弹出 QQ 登录授权窗口，如图 6.13 所示。

图 6.13 QQ 授权界面

但出现了一个错误“rediect url is illegal”，说跳转的 URL 有问题。

这是因为在 QQ 开放平台创建应用时填写的回调地址不正确。这个回调地址需要外网可访问的域名或者 IP，让 QQ 的服务器能够正常访问；而此处是在本机测试的，无法被 QQ 访问到，所以出现此问题。把应用发布到外网服务器，并在 QQ 开放平台正确配置回调 URL 即可，这里就不再演示了。

6.4.2　微博登录

集成微博登录的思路与 QQ 登录一样，需要安装相应的扩展包，配置服务，到微博开放平台申请应用 ID 和密匙。具体步骤如下。

安装扩展：

```
meteor add accounts-weibo
meteor add service-configuration
```

添加微博的服务配置代码，修改 lib/config.js，在 Meteor.startup() 方法中添加代码：

```
if (Meteor.isClient) {
    Meteor.startup(function() {
    ......

        ServiceConfiguration.configurations.upsert({ service: "weibo" }, {
            $set: {
                clientId: "1292962797",
                loginStyle: "popup",
                secret: "75a730b58f5691de5522789070c319bc"
            }
        });

        ......
    });
}
```

访问 http://localhost:3000/login 查看运行效果，如图 6.14 所示。

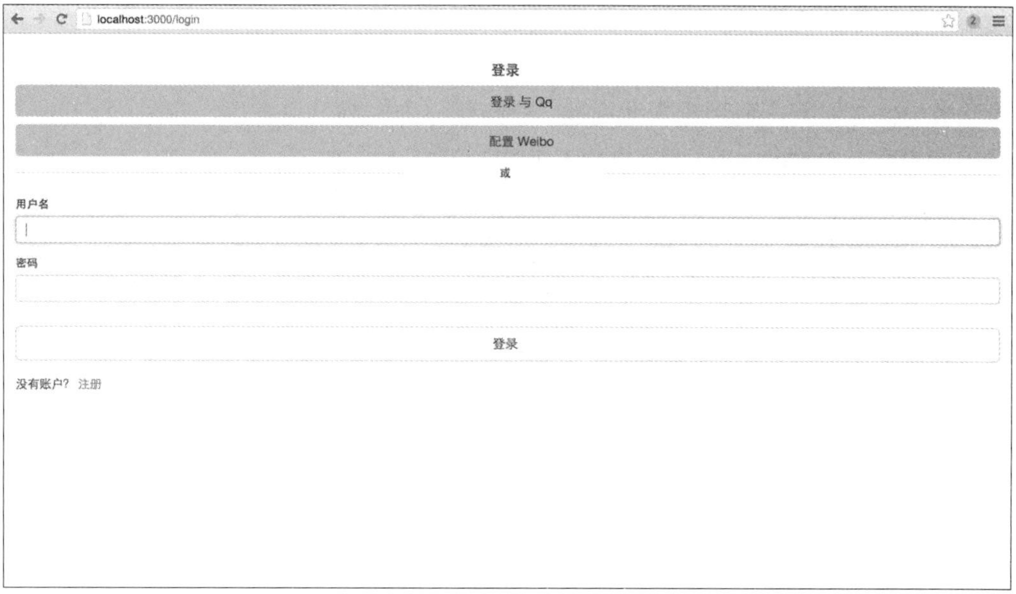

图 6.14　添加微博登录后的效果

可以看到多了一个“配置 Weibo”的按钮，单击后的效果如图 6.15 所示。

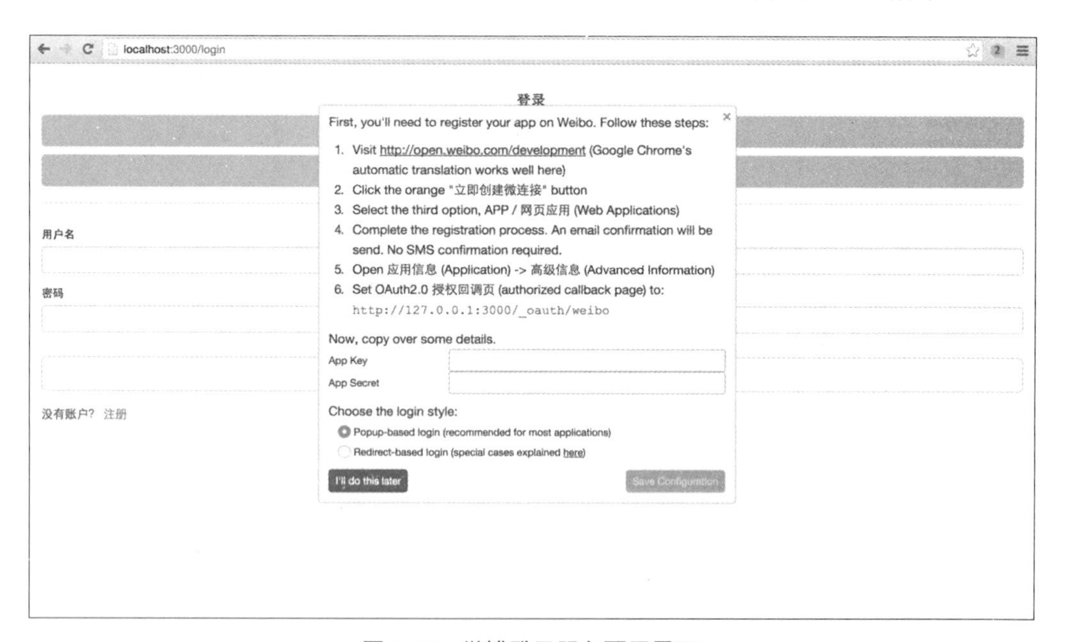

图 6.15　微博登录服务配置界面

由于在上面配置代码中的 clientId 与 secret 是假的，所以同样需要到微博开发平台申请，clientId 与 secret 对应的是平台中的 App Key 和 App Secret。

申请步骤

具体步骤如下：

（1）打开微博开发平台网址 http://open.weibo.com/development。

（2）单击“立即创建微链接”，选择第 3 个“网页应用”，填好应用名称。

（3）在“应用信息”→“基本信息”中可以看到 App Key 和 App Secret。

（4）在“应用信息”→“高级信息”中编辑“授权回调页”，填写你的域名。

重新访问登录页面，就会出现 Weibo 登录的按钮，如图 6.16 所示。

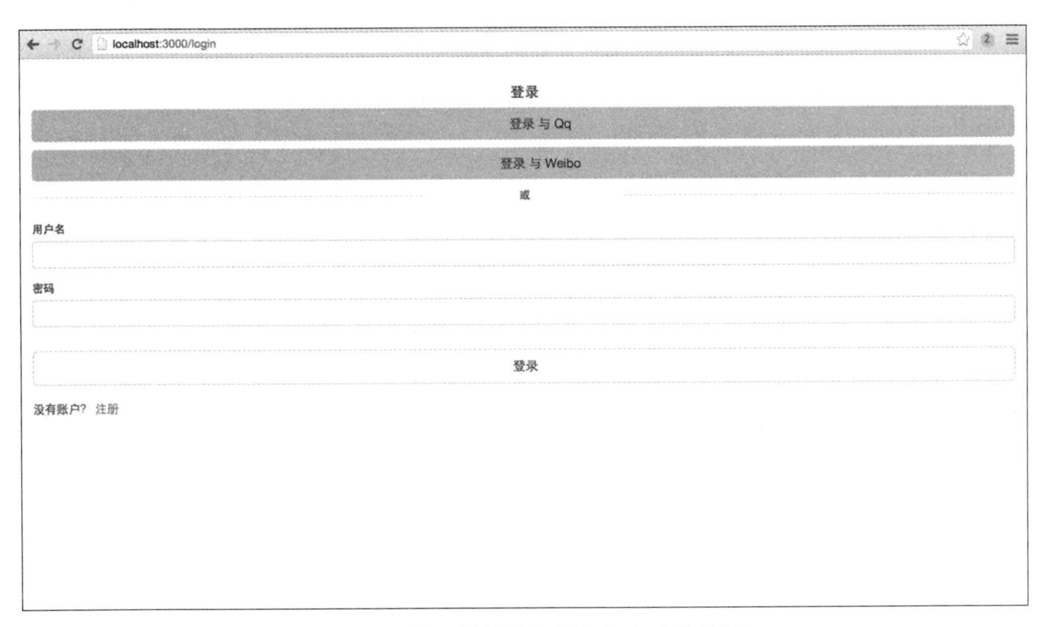

图 6.16　配置微博登录服务信息后的效果

单击 Weibo 登录按钮，便会弹出微信授权窗口。由于授权流程需要回调外网域名，所以还会出现上面 QQ 登录时的问题，建议在项目后期部署到外网服务器后进行调试。

6.5 本章小结

因为 Meteor 已经把用户系统的功能提供好了，我们只需要进行配置使用，所以本章没有什么复杂的逻辑，也无须自己开发代码，但需要有阅读文档解决问题的能力。用户系统的相关资料很多，例如注册信息项的配置方式就很丰富，建议通读一遍相关文档，了解可以进行哪些配置、能够实现哪些功能，但具体配置方式可以不用细究。总之，做到心中有数，以便在实际使用时可以快速实现项目需求。

第7章
发布订阅与methods

发布订阅与 methods 是两个全新的概念，在项目的开发阶段可以不用理会它们，但它们在应用的线上运营时非常关键，它们都关系到应用的安全性，发布订阅更关系到应用的性能。

本章将介绍发布订阅与 methods 的用途、在哪些地方使用，以及如何使用。

7.1 数据的发布订阅

7.1.1 发布订阅介绍

在之前的开发中，创建了集合对象之后，就可以在客户端操作数据库中的所有数据，非常方便。我们没有关心过其背后的机制，那么现在思考一下，客户端的代码为什么可以操作数据库中的所有数据？其实这是由一个名为 autopublish 的扩展包实现的。

autopublish 把数据库中的所有文档记录都自动发送到了客户端的 miniMongo，所以，客户端的代码可以非常方便地操作所有数据。

autopublish 的主要目的就是提高开发速度，让开发人员快速地进行数据库开发，可以很快看到项目成果，便于快速迭代。所以，autopublish 的适用场景是项目的开发阶段和项目运行初期。

autopublish 的思路是把数据库中的数据完全发送到 miniMongo。可以想象得到，当数据库中的数据非常多时，autopublish 机制就会出现问题，具体问题如下：

- miniMongo 的压力大。

  miniMongo 毕竟只是在浏览器内存中对 MongoDB 的简单模拟，性能和空间非常有限，只适合处理少量数据。如果数据量过大，则必然无法承受，甚至会崩溃。
- 数据传输的时间成本高。

  autopublish 会不断地从数据库向客户端发布数据，增加了传输压力，必然会提高客户端的数据延时。
- 数据不安全。

  autopublish 是自动发布所有数据，如果数据库包含了保密性质的数据，例如用户的私密信息，也同样会被发布到客户端，这样就导致了安全性问题。

所以，autopublish 的适用场景是项目的开发阶段和运行初期，在项目迭代得较为成熟后，则必须移除 autopublish，禁止数据的自动发布，改为手动处理，只发布客户端用得到的数据。

服务器端（Server）需要定义发布哪些数据，客户端（Client）需要进行数据的接收，这个过程就是数据的发布订阅。

autopublish 相当于把数据库的内容完全镜像到了 miniMongo；而发布订阅相当于在数据库和 miniMongo 间搭建了一条条的管道，通过这些管道，把客户端需要的数据从数据库传输到 miniMongo，供客户端操作。这样，miniMongo 中存有数据库中的一小部分数据，保证了性能和安全。

可以把发布订阅想象为一个漏斗，从服务器端的集合传输到客户端的集合中，而 autopublish 相当于上下一般粗的漏斗，客户端订阅了服务器集合中的所有数据，如图 7.1 所示；正常的发布订阅就是正常上粗下细的漏斗，客户端收到服务器集合中的一部分数据，如图 7.2 所示。

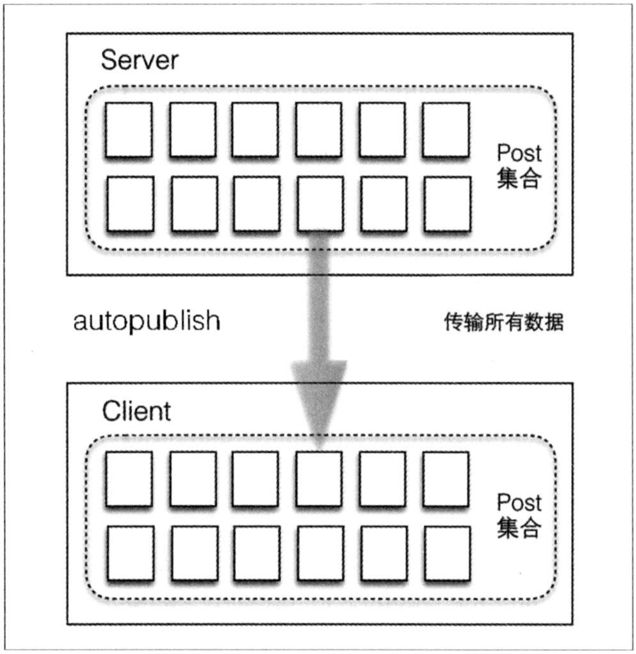

Server
Post
集合
autopublish
传输所有数据
Client
Post
集合

图 7.1　autopublish 示例

Server
Post
集合
发布订阅
传输部分数据
Client
Post
集合

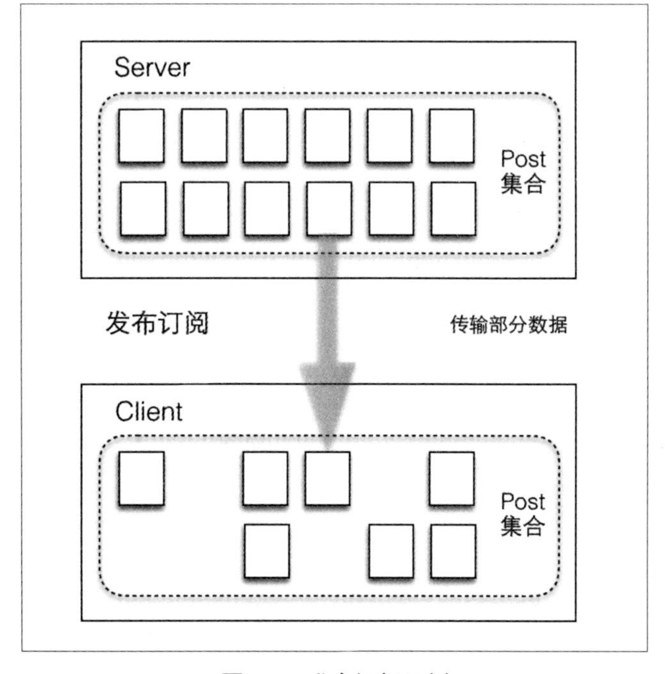

图 7.2　发布订阅示例

7.1.2 体验发布订阅

接下来通过一个实例来熟悉发布订阅的用法，这个实例的场景是个人账本，用来记录自己的花销，可以展示消费记录。我们用之前的方式开发消费记录列表，成功后，再改为发布订阅的方式，体验它们的不同。

首先还是创建一个新的项目，用来做本章的练习，项目名称为 pubsubtest。为了页面的美观，添加 Bootstrap 包，在下面的模板中使用 Bootstrap 的样式，执行如下命令：

```
meteor create pubsubtest
cd pubsubtest
meteor add twbs:bootstrap
meteor
```

下面准备一些种子数据，用来显示消费记录，需要一个消费记录集合，文档信息包括：消费金额、消费说明、消费时间、消费所属的类别。其中的类别是关联另一个类别集合的文档 ID，消费类别集合中文档的信息就是 _id 和名称，文档关系如图 7.3 所示。

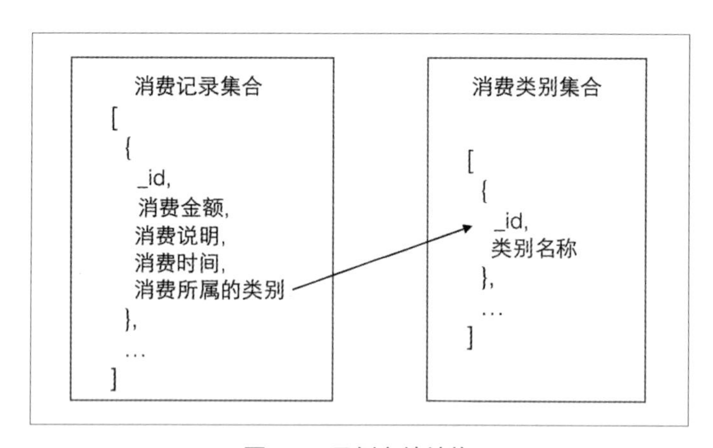

图 7.3 示例文档结构

先创建集合对象，新建 lib/collection.js，代码如下：

```
AccountBook = new Mongo.Collection('accountbook');
AccountCategory = new Mongo.Collection('accountcategory');
```

新建 server/seeds.js，插入种子数据，代码如下：

```
if(AccountBook.find().count() === 0 && AccountCategory.find().count() === 0){

    var food = AccountCategory.insert({name: '食物'});
    var traffic = AccountCategory.insert({name: '交通'});
    var life = AccountCategory.insert({name: '生活'});

    AccountBook.insert({
        memo : '和朋友吃火锅',
        money : 200,
        category : food,
        createtime : '2016-06-01'
    });
    AccountBook.insert({
        memo : '工作餐',
        money : 20,
        category : food,
        createtime : '2016-06-02'
    });
    AccountBook.insert({
        memo : '打车',
        money : 100,
        category : traffic,
        createtime : '2016-06-03'
    });
    AccountBook.insert({
        memo : '买新手机',
        money : 2000,
        category : life,
        createtime : '2016-06-04'
    });
    AccountBook.insert({
        memo : '同事聚餐',
        money : 150,
        category : food,
        createtime : '2016-06-05'
```

```
    });
    AccountBook.insert({
        memo : '手机充值',
        money : 100,
        category : life,
        createtime : '2016-06-06'
    });
}
```

创建消费记录列表模板，新建 client/accountlist.html，模板内容如下：

```
<template name="accountlist">
    <h2>我的消费记录</h2>
    <table class="table">
        <thead>
            <tr>
                <th>消费金额</th>
                <th>消费说明</th>
                <th>消费日期</th>
            </tr>
        </thead>
        <tbody>
            {{#each accounts}}
            <tr>
                <td>{{money}}</td>
                <td>{{memo}}</td>
                <td>{{createtime}}</td>
            </tr>
            {{/each}}
        </tbody>
    </table>
</template>
```

构造 accountlist 模板的 helper，获取消费记录数据，新建 client/accountlist.js，代码如下：

```
Template.accountlist.helpers({
    accounts: function() {
```

```
        return AccountBook.find();
    }
});
```

修改 client/main.html，在 body 中引用 accountlist 模板，代码如下：

```
<head>
  <title>发布订阅</title>
</head>

<body>
  {{> accountlist}}
</body>
```

再次访问应用，便可以看到消费记录列表了，如图 7.4 所示。

localhost:3000

我的消费记录

消费金额	消费说明	消费日期
200	和朋友吃火锅	2016-06-01
20	工作餐	2016-06-02
100	打车	2016-06-03
2000	买新手机	2016-06-04
150	同事聚餐	2016-06-05
100	手机充值	2016-06-06

图 7.4　消费记录列表效果

按之前的方式已经成功完成列表数据的展示。下面就开始改造为发布订阅的方式获取数据。首先要做的就是移除 autopubish 包，执行命令：

```
meteor remove autopublish
```

再访问应用页面时，消费记录已经没有了。因为移除 autopublish 自动发布后，就切断了数据来源，需要在服务器端发布数据，在客户端订阅数据，然后才可以再次显示出消费记录。

发布数据的代码运行在服务器端，所以代码应放在 server 目录下。定义发布的方法是 publish()，方法签名为：

```
Meteor.publish(name, func)
```

- name——定义此发布的名称，订阅时使用此名称。
- func——用来返回数据的方法，在每次客户端订阅时调用，此方法可以有参数，参数是客户端调用订阅方法时传递的。

订阅数据是在客户端执行的，位置比较随意。因为发起订阅的点比较多，例如可以在模板中订阅，可以在路由中订阅，也可以在客户端的全局位置订阅。订阅的方法是 subscribe()，方法签名为：

```
Meteor.subscribe(name, [arg1, arg2...], [callbacks])
```

- name——要订阅的发布名称，和 publish() 方法中的 name 相同。
- arg1, arg2...——可选，用于向服务器端的发布方法传递参数，对应 publish() 方法中 func 方法中的参数。
- callbacks——可选，订阅的回调方法。

1. 定义发布

在 server 目录下新建一个用来定义数据发布的文件，起名为 publication.js。先定义一个名为“allaccounts”的 publication，发布消费记录集合的所有数据，代码为：

```
Meteor.publish('allaccounts', function() {
    return AccountBook.find();
});
```

2. 定义订阅

在 client 目录下新建一个用来订阅数据的文件，名为 subscribe.js，调用 subscribe() 订阅 allaccounts，代码为：

```
Meteor.subscribe("allaccounts");
```

这时查看页面，消费记录列表的数据已经展示出来了，说明发布订阅的改造成功。

简单回顾一下，使用 autopublish 自动发布时，数据库中的数据全部被发送到了客户端的 miniMongo，客户端直接调用集合对象就可以从 miniMongo 获取数据。而当移除 autopublish 后，从数据库向 miniMongo 发送数据的工作没人做了，客户端没有数据，页面中便无法显示，就需要通过发布订阅的机制来完成从数据库获取数据的工作。publish() 定义一个发布，可以从数据库返回目标数据；subscribe() 订阅某个发布，取得数据保存到 miniMongo。这样客户端便有了想要的数据，可以正常操作了。

7.1.3 模板 helper 订阅

上面的示例中是在全局位置定义的订阅，所以称为全局订阅，在访问应用时便会执行，适合获取应用需要的初始数据。如果某些数据不是在刚开始就需要，而是在用户执行某个动作后才需要，那么就不适合使用全局订阅。因为这可能会造成请求的浪费，增加应用初始访问时间，降低用户体验。

可以在某个模板中进行订阅。这样，当这个模板被调用时才执行数据的订阅，在真正有需要时才请求数据，减少全局订阅，也就加快了首次访问时的应用打开速度。

还以订阅消费记录数据为例，关掉之前的全局订阅，改在消费记录列表模板的 helper 中定义。

注释掉 client/subscribe.js 中的订阅，然后可以看一下页面，消费记录列表中的数据又没了。

```
//Meteor.subscribe("allaccounts");
```

在 accountlist 的 helper 中添加订阅。因为数据最好在模板显示前就获取到，所以在模板的 onCreated() 中执行订阅是非常适合的。修改 client/accountlist.js，添加订阅代码：

```
Template.accountlist.onCreated(function() {
    this.subscribe("allaccounts");
```

```
});

Template.accountlist.helpers({
    accounts: function() {
        return AccountBook.find();
    }
});
```

查看页面，数据再次出现，模板订阅改造成功，效果和全局订阅是一样的。只是执行订阅的时点不同：全局订阅是在访问应用时进行订阅，如果订阅较多，会降低应用打开速度，影响性能；模板订阅是模板自己负责订阅需要的数据，非常精准，体验好。

7.1.4 参数订阅

之前是订阅集合中的全部数据，当数据量很大时，不管从性能上，还是从用户体验上，都不应该获取所有数据了。这就需要通过传递参数，说明想要哪些数据。

为了实践带参数的订阅方式，我们对消费记录列表进行改造，不一次全部显示出来了，改为分批显示。一共有 6 条记录，先显示 3 条，单击“更多”按钮后，再显示后面的 3 条，相当于给发布的数据添加了 limit 数量限制。

实现思路如下：

（1）设置一个初始 limit 变量，值为 3。

（2）模板被创建时执行订阅，把 limit 值传递给发布动作，发布方法中获取 limit 参数值，返回指定数量的数据，这时，页面中便会显示 3 条记录。

（3）在列表下面添加一个“更多”按钮，单击后修改 limit 值，加 3，重新触发订阅操作，获取新的数据。

那么修改 limit 值后如何重新触发订阅？这涉及了一个新的用法，Tracker.autorun() 方法，它会在变量变化后重新执行其中的动作。

把 limit 的值保存到 session 中，方便不同的地方获取。同时，session 是响应式对象，我们先安装 session 包，执行命令：

```
meteor add session
```

在订阅方法中新定义一个发布，可以接收参数，返回部分数据，修改 server/

publication.js，改后的代码为：

```
// 发布全部消费记录
Meteor.publish('allaccounts', function() {
    return AccountBook.find();
});

// 发布部分消费记录
Meteor.publish('accounts', function(options) {
    var queryCondition = {};
    var queryOptions = {
        limit: options.limit
    }
    return AccountBook.find(queryCondition, queryOptions);
});
```

在模板中订阅这个新的发布，传递 limit 参数，修改 client/accountlist.js 为：

```
// 在 Session 中设置 limit，初始值为 3
Session.setDefault('limit', 3);

Template.accountlist.onCreated(function() {
    // 实现响应式订阅，Session 变化后自动重新执行订阅操作
    Tracker.autorun(function(computation) {
        Meteor.subscribe("accounts", { limit: Session.get('limit') });
    });
});

Template.accountlist.helpers({
    accounts: function() {
        return AccountBook.find();
    }
});
```

访问页面，现在消费记录列表中就只有 3 条数据了，参数订阅已经实现。接下来添加“更多”按钮，单击后修改 limit 的值，感受一下 Tracker.autorun() 方法的作用。

修改模板文件 client/accountlist.html，添加“更多”按钮，代码为：

```
<template name="accountlist">
    <h2>我的消费记录</h2>
    <table class="table">
        <thead>
            <tr>
                <th>消费金额</th>
                <th>消费说明</th>
                <th>消费日期</th>
            </tr>
        </thead>
        <tbody>
            {{#each accounts}}
            <tr>
                <td>{{money}}</td>
                <td>{{memo}}</td>
                <td>{{createtime}}</td>
            </tr>
            {{/each}}
        </tbody>
    </table>
    <p><button type="button" class="btn btn-primary more">更多</button></p>
</template>
```

这时的页面效果如图 7.5 所示。

图 7.5　订阅 3 条记录后的效果

添加“更多”按钮单击事件的处理函数，重新设置 Session 中 limit 的值，修改 client/accountlist.js，添加事件处理代码：

```
Session.setDefault('limit', 3);

Template.accountlist.onCreated(function() {
    Tracker.autorun(function(computation) {
        Meteor.subscribe("accounts", { limit: Session.get('limit') });
    });
});

Template.accountlist.helpers({
    accounts: function() {
        return AccountBook.find();
    }
});

Template.accountlist.events({
    'click button.more': function(evt, tpl) {
        var lmt = Session.get('limit') + 3;
        Session.set('limit', lmt);
    }
});
```

重新访问页面，单击“更多”按钮，便会加载出 6 条数据。

7.1.5　路由订阅

之前学习路由时，知道路由方法中可以查询数据；同样地，在路由方法中也可以执行订阅操作。

下面还是通过实例来学习如何在路由中进行订阅，示例需求如下：

定义两个页面，一个是首页“/”，显示消费记录列表；另一个是食品分类下的消费记录列表页“/food”，在”/food”这个路由方法进行订阅。

首先要做的就是添加 Iron.Router 包，执行添加命令：

```
meteor add iron:router
```

创建路由控制文件 lib/router.js，在其中添加首页的路由方法，代码为：

```
Router.route('/', function() {
    this.render('accountlist');
});
```

记得要清除 body 中的模板引用，否则会出现两个列表，修改 client/main.html 为：

```
<head>
  <title> 发布订阅 </title>
</head>

<body>
</body>
```

创建食品类消费列表模板，新建 client/accounts_food.html，其代码结构与 accountlist.html 类似，代码为：

```
<template name="accountsfood">
    <h3> 食品类消费记录 </h3>
    <table class="table">
        <thead>
            <tr>
                <th> 消费金额 </th>
                <th> 消费说明 </th>
                <th> 消费日期 </th>
            </tr>
        </thead>
        <tbody>
            {{#each accounts}}
            <tr>
                <td>{{money}}</td>
                <td>{{memo}}</td>
                <td>{{createtime}}</td>
            </tr>
            {{/each}}
        </tbody>
    </table>
```

```
    <p><a href="/">返回</a></p>
</template>
```

在 lib/router.js 中添加“/food”的路由，先简单地显示上面新建的模板，代码为：

```
Router.route('/', function() {
    this.render('accountlist');
});
Router.route('/food', function() {
    this.render('accountsfood');
});
```

然后在消费列表模板中添加“/food”链接，修改 client/accoutlist.html，添加链接，代码为：

```
<template name="accountlist">
    <h2>我的消费记录</h2>
    <p><a href="/food">食品类消费</a></p>
    ......
```

这时，页面跳转流程已经就绪，从总消费列表页面单击链接可以进入食品类消费页面，可以通过“返回”链接回到总消费列表。接下来开始开发在路由中进行订阅。

“/food”页面中需要订阅食品分类下的消费数据，对应的就需要有食品类数据的发布，修改 server/publication.js，添加新的发布代码：

```
// 发布全部消费记录
Meteor.publish('allaccounts', function() {
    return AccountBook.find();
});

// 发布部分消费记录
Meteor.publish('accounts', function(options) {
    var queryCondition = {};
    var queryOptions = {
        limit: options.limit
    }
    return AccountBook.find(queryCondition, queryOptions);
});
```

```
// 发布某个分类下的消费记录
Meteor.publish('accountsInCategory', function(options) {
    var queryCondition = { category: options.cate };
    return AccountBook.find(queryCondition);
});
```

修改 lib/router.js 中的“/food”路由，添加数据的订阅和查询代码：

```
Router.route('/', function() {
    this.render('accountlist');
});
Router.route('/food', {
 waitOn : function (){
  return Meteor.subscribe('accountsInCategory', {cate: 'LSt7Zxej35Bf8kxXH'});
 },
    template: 'accountsfood',
    data: function() {
        return {
            accounts : AccountBook.find({category: 'LSt7Zxej35Bf8kxXH'})
        };
    }
});
```

这段代码的重点是 waitOn 方法，在此方法中执行了订阅，订阅 accountsInCategory 这个发布时传递了 cate 参数，它的值是“食品”这个分类的 _id。为了方便，直接到数据库中查询获得，执行命令：

```
meteor mongo
meteor:PRIMARY> db.accountcategory.find();
{ "_id" : "LSt7Zxej35Bf8kxXH", "name" : "食品" }
{ "_id" : "jGkc5NcGxFbPXnjn3", "name" : "交通" }
{ "_id" : "KGtNAvHd9HLJhGFmK", "name" : "生活" }
```

这样就完成了路由订阅操作。查看页面，单击“食品类消费”链接，则会列出相关消费记录。

7.1.6 发布多集合的关联数据

在实际场景中，只发布一个集合的数据通常是不够的。例如文章详情页面，除了需要文章内容外，还需要这篇文章的评论信息，或者相关文章列表。这些数据是通过多个集合的关联查询得来的，如根据文章 ID，到文章集合中取得文章信息，到评论集合中查找此文章的评论，根据文章作者 ID 到用户集合中查询作者的信息；同样地，还需要根据每一条评论中的作者 ID，到用户集合中查询发表此评论的用户信息。文档关系如图 7.6 所示。

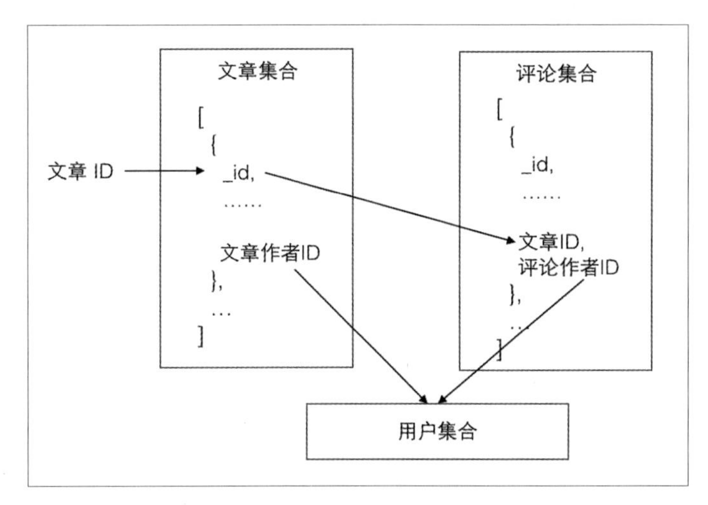

图 7.6　文章相关的文档关系

这么复杂的数据应该如何发布呢？在 publish() 方法中是可以返回多个集合的查询结果的，例如：

```
Meteor.publish('todos.inList', function(listId) {
    ......

    return [
      集合 1.find(),
      集合 2.find({xxx})
    ];

});
```

但是这个方式有个问题：它不是响应式的；也就是说，即使相关数据变了，这个发布结果还是一样的，没有变化。为了解决这个响应式问题，需要做很多其他复杂的工作。这就违背了 Meteor 快速开发的理念，所以 Meteor 提供了扩展包，方便地解决了这个问题。

reywood:publish-composite 就是用来完成这个工作的，使用简单，功能强大。其提供了一个灵活的方式从多个集合中发布一套相关联的文档，并且使用了响应式关联，这就使得一次发布一个文档树变得非常容易。

使用时调用 Meteor.publishComposite(name, options)。注意，是使用 publishComposite() 方法，替代了之前的 publish() 方法，参数中的 name 和 publish() 中的意义相同，重点是 options 参数的应用。

使用示例如下：

```
Meteor.publishComposite('topTenPosts', {
    find: function() {
        // 查询前 10 个帖子
        return Posts.find({}, { sort: { score: -1 }, limit: 10 });
    },
    children: [
        {
            find: function(post) {
                // 对每个帖子都会执行此 find 方法

                // 根据这个帖子的 authorId 到用户集合中查找作者信息
                // 注意，要使用 find，不要使用 findOne，因为需要返回一个游标

                return Meteor.users.find(
                    { _id: post.authorId },
                    { limit: 1, fields: { profile: 1 } });
            }
        },
        {
            find: function(post) {
                // 对每个帖子都会执行此 find 方法

                // 查询这个帖子的最新两条评论
```

```
                return Comments.find(
                    { postId: post._id },
                    { sort: { score: -1 }, limit: 2 });
            },
            children: [
                {
                    find: function(comment, post) {
                        // 对每个评论都会执行此 find 方法

                        // 查询评论的作者信息
                        return Meteor.users.find(
                            { _id: comment.authorId },
                            { limit: 1, fields: { profile: 1 } });
                    }
                }
            ]
        }
    ]
});
```

看起来代码很复杂，但其实逻辑很简单，find() 负责查询结果集合，平级的 children 负责遍历这个结果集，进行关联查询。这个过程可嵌套，建议多看几遍这段代码，理解透彻，因为这个用法非常实用。

接下来开始实践这个关联集合的发布方式。在上面的消费记录列表中，我们并没有显示消费的类别名称，因为消费记录文档中保存的是类别 ID。如果想要显示名称的话，就要用到集合的关联数据发布。

首先安装 reywood:publish-composite 这个包，执行安装命令：

```
meteor add reywood:publish-composite
```

在 server/publication.js 中添加关联集合的数据发布，代码如下：

```
// 发布全部消费记录
Meteor.publish('allaccounts', function() {
    return AccountBook.find();
});
```

```
// 发布部分消费记录
Meteor.publish('accounts', function(options) {
    var queryCondition = {};
    var queryOptions = {
        limit: options.limit
    }
    return AccountBook.find(queryCondition, queryOptions);
});

// 发布某个分类下的消费记录
Meteor.publish('accountsInCategory', function(options) {
    var queryCondition = { category: options.cate };
    return AccountBook.find(queryCondition);
});

// 发布消费记录和类型的关联数据
Meteor.publishComposite('accountsAndCategory', {
    find : function (){
        return AccountBook.find();
    },
    children : [ {
        find : function (account){
            return AccountCategory.find({ _id: account.category });
        }
    } ]
});
```

这个发布比上面的示例简单很多，很好理解。先查询出了所有的消费记录，然后根据每条记录中的类型 ID，到消费类型集合中查询详细信息。

修改消费记录模板中的订阅方式，client/accountlist.js 改为：

```
Session.setDefault('limit', 3);

Template.accountlist.onCreated(function() {
    // Tracker.autorun(function(computation) {
    //     Meteor.subscribe("accounts", { limit: Session.get('limit') });
```

```
    // });

    // 订阅新定义的关联数据发布
    this.subscribe("accountsAndCategory");
});

Template.accountlist.helpers({
    accounts: function() {
        return AccountBook.find();
    },
    // 根据类型 ID 取得类型信息
    cate: function (){
        return AccountCategory.findOne(this.category);
    }
});

Template.accountlist.events({
    'click button.more': function(evt, tpl) {
        var lmt = Session.get('limit') + 3;
        Session.set('limit', lmt);
    }
});
```

在消费记录列表模板中添加“消费类型”信息项，修改 client/accountlist.html，代码如下：

```
<template name="accountlist">
    <h2> 我的消费记录 </h2>
    <p><a href="/food"> 食品类消费 </a></p>
    <table class="table">
        <thead>
            <tr>
                <th> 消费类型 </th>
                <th> 消费金额 </th>
                <th> 消费说明 </th>
                <th> 消费日期 </th>
            </tr>
        </thead>
```

```
        <tbody>
            {{#each accounts}}
            <tr>
                <td>{{cate.name}}</td>
                <td>{{money}}</td>
                <td>{{memo}}</td>
                <td>{{createtime}}</td>
            </tr>
            {{/each}}
        </tbody>
    </table>
    <p><button type="button" class="btn btn-primary more">更多</button></p>
</template>
```

访问页面，可以看到新增的“消费类型”信息，并正确显示出类型名称，运行效果如图 7.7 所示。

localhost:3000

我的消费记录

食品类消费

消费类型	消费金额	消费说明	消费日期
食物	200	和朋友吃火锅	2016-06-01
食物	20	工作餐	2016-06-02
交通	100	打车	2016-06-03
生活	2000	买新手机	2016-06-04
食物	150	同事聚餐	2016-06-05
生活	100	手机充值	2016-06-06

更多

图 7.7　显示出消费类型列

7.1.7　示例：一个简单的搜索

本节我们一起做一个搜索的示例，使用发布订阅的方式，客户端每次搜索时，触发一次新的订阅请求，只返回符合用户搜索条件的记录。这个示例中除了巩固发布订阅的用法，还会用到 MongoDB 设置索引的方法，以及更深入地体会响应式编程的思路。

我们先看一下开发完成后的效果，如图 7.8、图 7.9 和图 7.10 所示。

图 7.8　默认的图书列表

图 7.9　搜索后返回符合条件的信息

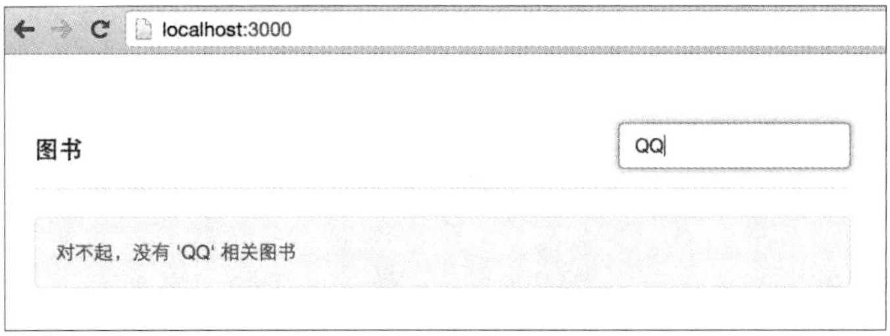

图 7.10　没有符合条件时的效果

通过效果图大概了解了需求目标，接下来就开始实际的开发。首先还是新建一个项目，命名为 searchexample，执行创建项目的命令：

```
meteor create searchexample
```

因为是使用发布订阅的方式，所以要移出 autopublish 包。这个项目中需要用到响应式变量 reactive-var 这个包。为了使界面整洁美观，使用 twbs:bootstrap 包。下面就添加和移除相应的扩展包：

```
meteor add reactive-var
meteor add twbs:bootstrap
meteor remove autopublish
```

然后定义集合对象，新建 lib/collection.js，内容为：

```
Books = new Mongo.Collection('books');

if (Meteor.isServer) {
    Books._ensureIndex({
        title: 1,
        author: 1,
        year: 1
    });
}
```

这里接触到了一个新东西 Books._ensureIndex()，这就是在创建索引。因为后面我们需要根据 title、author、year 这几项进行查询，所以对其建立索引会加快查询速度。还使用了 if (Meteor.isServer) { … } 代码块，因为是要在服务器端建立索引。

接下来添加一些测试数据，需要的图书信息包括书名 title、作者 author、年份 year。在 server 目录下新建 seeds.js 文件，插入测试数据，代码如下：

```
if (Books.find().count() == 0) {
    Books.insert({
        title: '新内容创业：我这样打造爆款 IP',
        author: '曲琳',
        year: '2016'
    });
    Books.insert({
        title: '为什么投你：一线投资人解密创业与投资的逻辑',
        author: '及轶嵘',
        year: '2015'
    });
```

```
    Books.insert({
        title: '自品牌：个人如何玩转移动互联网时代',
        author: '孙郁婷',
        year: '2016'
    });
    Books.insert({
        title: '你是一桩独一无二的生意',
        author: '李东旭',
        year: '2014'
    });
    Books.insert({
        title: '卓越转型：知识型员工价值实现的四大修炼',
        author: '王振林',
        year: '2016'
    });
    Books.insert({
        title: '思考线：让你的创意变为现实的最佳方法',
        author: '黛布拉·凯',
        year: '2013'
    });
}
```

后面就是编写模板、模板 helper、发布数据的开发。在开始之前先了解一下项目中的文件结构，这样开发起来思路更清晰一些，结构如图 7.11 所示。

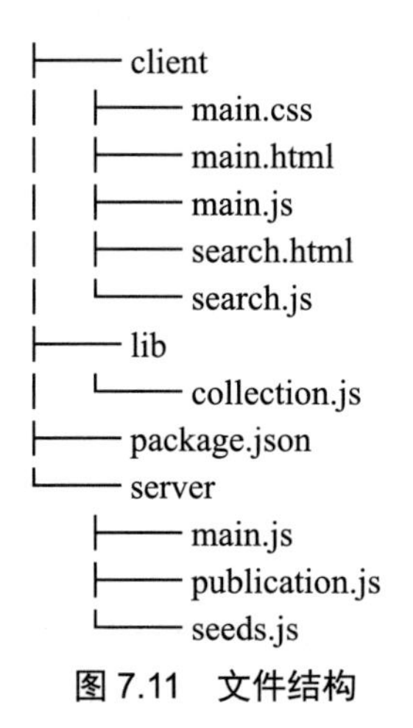

图 7.11 文件结构

lib/collection.js、server/seeds.js 已经编写完成。除了默认的文件，需要我们编写的是 server/publication.js（用于发布数据）、client/search.html（页面模板）和 client/search.js（模板 helper 和事件处理）。

了解了文件结构后，可以开始编码了。新建页面模板文件 client/search.html，模板代码为：

```
<template name="search">
  <div class="container col-xs-6">
    <div class="page-header clearfix">
        <h4 class="pull-left">图书</h4>
        <div class="pull-right">
            <input type="text" name="search" class="form-control" width=
"250px" placeholder="查找 ...">
        </div>
    </div>
    <ul class="list-group">
        {{#if searching}}
        ...
        {{else}}
        {{#each books}}
        <li class="list-group-item clearfix">
            <span class="pull-left">{{title}}</span>
            <span class="pull-right">{{year}}</span>
            <span class="pull-right" style="margin-right: 20px;">
{{author}}</span>
        </li>
        {{else}}
        <p class="alert alert-warning">对不起，没有 '{{query}}' 相关图书</p>
        {{/each}}
        {{/if}}
    </ul>
  </div>
</template>
```

这是一个上下结构，上面是标题和搜索框，下面是图书信息列表。列表使用 each 指令处理，其中有逻辑判断，根据不同的条件显示不同的内容，例如显示图书信息或提示信息。

新建 client/search.js，在 search 模板的 onCreated 中执行订阅操作，代码如下：

```
Template.search.onCreated(function searchOnCreated() {
  var template = Template.instance();

  template.searchQuery = new ReactiveVar();
  template.searching = new ReactiveVar(false);

  template.autorun(function() {
    template.subscribe('books', template.searchQuery.get(), () => {
      setTimeout(() => {
        template.searching.set(false);
      }, 300);
    });
  });
});
```

这里首先在模板的实例中定义了两个响应式变量，searchQuery 与 searching，searchQuery 用来记录搜索框中输入的内容，searching 用来标识是否正在搜索，配合模板中的 {{#if searching}}，如果为 true，页面会显示“…”。

template.autorun() 方法具有响应式机制，会在 template 相关的变量变化时自动执行其中的函数。这里是执行搜索动作，订阅服务器端数据，传递搜索条件给服务器端。每当 searchQuery 的值发生变化时，都会触发订阅动作，进行重新搜索。

setTimeout() 这段代码是用来配合页面中“…”的显示的。使用延时 300 毫秒，是为了用户能看到“…”，能够感受到搜索的动作。

下面添加 helper，在 client/search.js 中添加代码：

```
Template.search.helpers({
  searching: function() {
    var isSearching = Template.instance().searching.get();
    return isSearching;
  },
  query: function() {
    var qry = Template.instance().searchQuery.get();
```

```
    return qry;
  },
  books: function() {
    var booklist = Books.find();
    if (booklist) {
      return booklist;
    }
  }
});
```

这里比较简单，配合模板的需要，返回相应的变量值，查询 Books 中的所有数据。因为每次的订阅操作，都会从服务器端重新获取符合搜索条件的数据到 miniMongo，所以不用担心 Books.find() 会取得多余数据。

接下来处理输入框的搜索动作，对输入框进行按键的事件监控。当输入内容并按下回车后，修改 searchQuery 的值，searchQuery 的值变化后，会触发重新订阅，便实现了搜索。继续在 client/search.js 中添加代码：

```
Template.search.events({
  'keyup [name="search"]' (event, template) {
    var value = event.target.value.trim();

    if (value !== '' && event.keyCode === 13) {
      template.searchQuery.set(value);
      template.searching.set(true);
    }

    if (value === '') {
      template.searchQuery.set(value);
    }
  }
});
```

最后就是定义服务器端的数据发布，根据客户端传入的搜索条件，执行集合查询，返回结果数据。新建 server/publication.js，代码为：

```
Meteor.publish('books', function(searchCondition) {
```

```
  var query = {},
    projection = {
      limit: 100,
      sort: {
        title: 1
      }
    };

  if (searchCondition) {
    var regex = new RegExp(searchCondition, 'i');

    query = {
      $or: [{
        title: regex
      }, {
        author: regex
      }, {
        year: regex
      }]
    };

    projection.limit = 100;
  }

  return Books.find(query, projection);
});
```

其逻辑并不复杂，在没有查询条件时，按照年份升序排序，返回集合中的数据。如果有查询条件，使用或的方式到集合中查找。

这样，这个简单的搜索示例就完成了。使用了发布订阅的方式，了解了创建索引的方法。重点是要明白这个搜索的思路，它是通过响应式变量来实现的，变量值变化后自动重新执行订阅操作，完成了搜索。

7.2 methods

7.2.1 methods 介绍

在 Meteor 中，从客户端向服务器发送数据非常简单，我们只需要调用集合对象进行数据的操作，Meteor 会自动进行 miniMongo 和服务器端数据库的数据同步。但是在 Web 开发中，永远都不能相信来自用户的数据，用户提交过来的每一条数据都必须经过验证。在客户端的验证是不可靠的，因为通过浏览器的控制台，可以绕过任何验证。

这是一个必须要应对的安全问题，解决方法是在服务器端对所有要进入数据库的数据进行验证。

之前我们的数据操作都是在客户端调用的，如何执行服务器端的方法呢？Meteor 提供了一个 methods 机制，类似于传统的远程方法调用 RPC，在客户端发起调用，在客户端执行，然后也会在服务器端执行。

methods 机制非常巧妙，兼顾了安全和性能。例如定义了一个 method，其中进行数据安全验证和数据插入动作，用户在页面单击保存按钮，事件处理器接收提交信息后传给 method，这个 method 先检查数据，没问题后保存到 miniMongo，然后立即反馈用户操作完成。这个过程是在客户端完成的，速度非常快，用户体验很棒。但是在其背后，数据会发送到服务器端，同一个 method 会被调用，再执行一遍数据检查，没有问题才真正保存到数据库。

methods 主要被用于数据库操作，但实际的用途很广，只要是需要执行服务器端的动作（例如发送邮件、发送短信等这类需要服务器端完成的任务），都可以使用它。

之前可以不使用 methods 方式，是因为 Meteor 自动提供了一个包，名为 insecure，允许客户端的所有数据库操作。Meteor 提供这个包的目的和 autopublish 一样，都是为了加快项目初期的开发速度，所以使用 methods 之前一定要先移除 insecure 包：

```
meteor remove insecure
```

7.2.2　methods 定义与调用

methods 的定义是通过 Meteor.methods(methods) 方法完成的，其中的 methods 是一个 JSON 对象，包含一个或多个 method 名称及其实现函数，例如：

```
Meteor.methods({
  addRec: function (arg1, arg2) {
    // 检查参数

    // 逻辑操作

    // 返回结果信息
    return "result";
  },

  removeRec: function () {
    // ...
  }
});
```

methods 的调用方法是 Meteor.call()，方法签名是：

```
Meteor.call(name, [arg1, arg2...], [asyncCallback])
```

- name——是必须指定的，是要调用的 method 名称，例如 addRec。
- arg1, arg2...——是要传给 method 的参数，可选。
- asyncCallback——为 method 调用的回调方法，可选。

例如：

```
Meteor.call('foo', 1, 2, function (error, result) { ... } );

var result = Meteor.call('foo', 1, 2);
```

这两种调用方式是有区别的。在 call 中指定回调函数时，这个调用就是异步的，不会阻塞后面的代码；而不知道回调函数时，则是同步调用，会产生阻塞。可以根据自己的业务需要来选择调用方式。

知道了如何使用 methods，下面开始实践。还是接着上面消费记录的项目练习。

之前都是查询操作，不涉及数据的改动，体会不到 methods 的用处，那么就开发一个添加消费记录的功能，使用 methods 完成记录的插入操作。

创建添加消费记录的模板，新建 client/addaccount.html，定义消费记录的填写表单，代码为：

```
<template name="addaccount">
    <h2>添加消费记录</h2>
    <form>
        <div class="form-group">
            <label>消费类别</label>
            <div>
                {{#each cates}}
                <label class="radio-inline">
                    <input type="radio" name="category" value="{{_id}}"> {{name}}
                </label>
                {{/each}}
            </div>
        </div>
        <div class="form-group">
            <label for="money">消费金额</label>
            <input class="form-control" id="money">
        </div>
        <div class="form-group">
            <label for="memo">消费说明</label>
            <input class="form-control" id="memo">
        </div>
        <button type="submit" class="btn btn-primary submit">保存</button>
    </form>
</template>
```

其中的“消费类别”项需要获取数据库中的类别数据，供用户选择，在 server/publication.js 中添加类别数据的发布代码：

```
// 发布消费类型数据
Meteor.publish('categories', function (){
 return AccountCategory.find();
});
```

在路由控制中添加路由方法，使添加消费记录的页面可见，并订阅类别数据，在 lib/router.js 中添加代码：

```
Router.route('/add', {
    waitOn : function (){
        return Meteor.subscribe('categories');
    },
    template: 'addaccount',
    data: function() {
        return {
            cates : AccountCategory.find()
        };
    }
});
```

这时访问 http://localhost:3000/add，便可以看到添加消费记录的表单，消费类别的数据也正常显示，如图 7.12 所示。

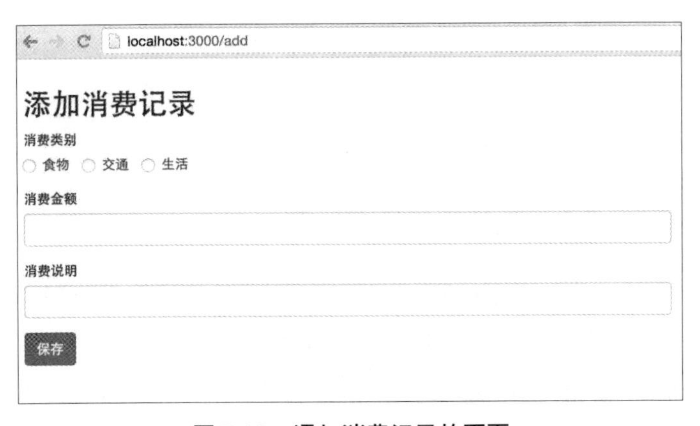

图 7.12　添加消费记录的页面

下面开始定义 methods，然后在“保存”按钮的单击事件处理方法中调用，因为这个 method 是集合的操作，我们就把它定义在 lib/collection.js 中，添加代码：

```
Meteor.methods({
    'addaccount' : function (data){
        return AccountBook.insert(data);
    }
});
```

代码很简单，定义了一个名为“addaccount”的 method，执行的操作就是把传入的数据插入到集合中。

添加“保存”按钮的单击事件处理方法，新建 client/addaccount.js，添加代码：

```
Template.addaccount.events({
    'click button.submit' : function (evt, tpl){
        evt.preventDefault();

        var new_money = tpl.$('#money').val();
        var new_category = tpl.$('input[name=category]:checked').val();
        var new_memo = tpl.$('#memo').val();

        var obj = {money: new_money, category: new_category, memo: new_memo};

        Meteor.call('addaccount', obj, function (err, result){
            if(err){
                alert(err.error);
            }else{
                alert('ok');
            }
        });
    }
});
```

使用 call() 方法调用了 addaccount 这个 method，传入了表单数据，并定义了回调方法，表示异步调用，在回调方法中对返回结果进行了处理。

现在添加消费记录的表单就可以正常工作了。但在定义 method 时，没有进行参数验证。这是很重要的，7.2.3 节将详细介绍验证的用法。

7.2.3 参数验证

参数的验证功能由 check 包提供，调用其中的 check() 方法来对指定的参数进行验证。check() 的调用示例如下：

```
check(roomId, String);
```

意思是检查 roomId 这个参数的值是否为 String 类型。

```
check(message, {
    text: String,
    timestamp: Date,
    tags: Match.Maybe([String])
});
```

意思是检查 message 中的各项：text 必须存在并且为 String 类型；timestamp 必须存在并且为 Date 类型；tags 使用 Maybe 检查，说明此项是可选的，但如果存在的话，一定要是 String 数组类型的。

可以看出 check() 的用法为指定一个参数和这个参数的合法模式。其中模式的使用是重点，需要了解都有哪些模式可用。下面是常用模式的说明。

1. Match.Any

对任何值都可以匹配成功，也就是不进行检查。

2. String, Number, Boolean, undefined, null

匹配这几个原始类型。

3. Match.Integer

匹配一个有符号的 32 位整数。

4. Match.Maybe(pattern)

匹配参数值为指定的 pattern，或者是 undefined，抑或是 null。

```
// 定义 pattern
var pattern = { name: Match.Maybe(String) };

// 以下的验证都是通过的
check({ name: "something" }, pattern)
check({}, pattern)
check(null, Match.Maybe(String));
check(undefined, Match.Maybe(String));
```

5. Match.Optional(pattern)

与 Match.Maybe 功能类似，只是不接受 null。

6. [pattern]

匹配一个数组，数组中的每个元素都要符合指定的 pattern。例如 [Number] 匹配一个元素为数字的数组，[Match.Any] 匹配任何类型的数组。

7. {key1 : pattern1, key2 : pattern2, …}

匹配一个 JSON 对象，指定其中每个 key 的 pattern。如果某个 pattern 使用了 Match.Maybe 或 Match.Optional，说明此 key 不是必须存在这个对象中的。

8. Match.OneOf(pattern1, pattern2, ...)

参数值只要与其中一个 pattern 匹配即可。

9. Match.Where(condition)

提供了自定义的验证方式，condition 是自定义的验证函数，根据这个函数的返回值来决定是否验证通过，例如：

```
NonEmptyString = Match.Where(function (x) {
  check(x, String);
  return x.length > 0;
});
check(arg, NonEmptyString);
```

NonEmptyString 是自定义的 pattern，其中有自己的验证逻辑，可以进行更细粒度的验证。

回顾上面实践 method 定义时，没有进行验证。现在熟悉了 check 方法，我们把验证添加到 method 定义中。

check 包不是 Meteor 自带的，需要手动添加，执行添加命令：

```
meteor add check
```

在 method 定义中使用 check 进行验证，修改 lib/collection.js，代码为：

```
Meteor.methods({
    'addaccount' : function (data){
        check(data, {
            money : Number,
            category : String,
            memo : String
```

```
        });
        return AccountBook.insert(data);
    }
});
```

在页面中提交表单后，控制台会报错，错误信息为：

```
errorType: "Match.Error"
message: "Match error: Expected number, got string in field money"
path: "money"
```

说明 money 字段的值验证失败了，应该是 number，而实际是 string。这时因为直接把表单提交的值传给了 method，表单中都是字符串类型，需要进行转换，修改 client/addaccount.js 代码为：

```
Template.addaccount.events({
    'click button.submit' : function (evt, tpl){
        ......

        var obj = {money: Number(new_money), category: new_category,
memo: new_memo};

        ......
    }
});
```

调用 Number() 对消费金额的值进行了类型转换，再次提交表单后，验证通过，成功插入了消费记录。

既然参数的验证这么重要，我们希望对所有传递给 methods 的数据都进行验证，保证应用的安全。但如果项目很大，难免会漏掉某些参数的验证。为了保证对所有参数都验证，audit-argument-checks 这个包是非常值得使用的。它会在后台监督你，只要有漏掉的验证，就会报错。下面实验一下，先添加这个包：

```
meteor add audit-argument-checks
```

修改 lib/collection.js 中的验证部分，特意去掉一项验证，例如把 money 的验证去掉：

```
Meteor.methods({
    'addaccount' : function (data){
        check(data, {
            category : String,
            memo : String
        });
        return AccountBook.insert(data);
    }
});
```

在页面中填好数据提交后，控制台便会报错。

```
errorType: "Match.Error"
message: "Match error: Unknown key in field money"
path: "money"
```

这里说明发现了一个未知的字段 money，监督效果很好。强烈建议在实际项目中使用这个包，杜绝因为疏忽导致的安全漏洞。

7.2.4 Collection2 schema 验证

Collection2 是一个扩展包，用来帮助我们给 MongoDB collection 添加 schema。这个 schema 就是一套规则，在 insert 和 update 时对集合中的字段进行规则验证。定义了 schema 之后，所有进入到集合中的文档的字段都必须符合一致的模式。既然是一套规则，那么必然会影响灵活性。在实际开发中，如果对文档结构的灵活性没有很高要求，建议使用 Collection2 来定义 schema，以帮助我们保证安全性和数据结构的一致性。使用 Collection2 需要进行安装：

```
meteor add aldeed:collection2
```

Collection2 定义 schema 的代码应该写在哪里呢？最好是与创建 Collection 对象的代码放在一起。因为 schema 是定义 Collection 规则的，放在一起的话可读性非常好，便于维护，例如：

```
// 创建集合对象
Books = new Meteor.Collection( 'books' );

// 定义 schema
```

```
BookSchema = new SimpleSchema({
  // 定义 fields 规则的代码
});

// 把 schema 关联到集合对象
Books.attachSchema( BookSchema );
```

下面创建一个基本的 schema。假设有一个帖子的集合，每篇帖子包括标题 title、作者 author、内容 content、摘要 summary 这几个字段，其中 summary 为可选字段，其余为必需字段，代码如下：

```
Posts = new Meteor.Collection( 'posts' );

PostSchema = new SimpleSchema({
  title: {
    type: String,
    label: "Title"
  },
  author: {
    type: String,
    label: "Author"
  },
  content: {
    type: String,
    label: "Post Content"
  },
  summary: {
    type: String,
    label: "Brief summary",
    optional: true
  }
});

Posts.attachSchema( PostSchema );
```

现在集合已经有了 schema，就可以在 insert 时应用了，例如：

```
Books.insert({title: "test", author: "James"}, function(error, result) {

  // 查看验证失败的信息
  Books.simpleSchema().namedContext().invalidKeys()
});
```

这个 insert 操作会失败，因为缺失了 content 这个必需的字段。

在上面的示例中，对每一个字段定义了一些配置信息：type 用来规定此字段的数据类型；label 是字段的说明信息，Collection2 会在错误的描述信息中使用它。在 summary 的配置中使用了 optional: true，说明此字段是可选的。

schema 除了在 insert 方法中使用之外，还可以在 methods 的 check() 方法中使用，例如：

```
Meteor.methods({
  addBook: function( book ) {
    check( book, Books.simpleSchema() );
    // ... 其他代码
  }
});
```

接下来我们看一个稍微复杂一点的 schema 示例。假设电商平台中的一件商品，信息包括商品名称 name、所属商家 shop、所属分类 category、不同型号的信息（类型 type、此类型的价格 price），文档描述如下：

```
{
  "name": "Test",
  "shop": "DELL",
  "category": [ 'IT', 'Business' ]
  "options": [
    { "type": "A", "price": 1500 },
    { "type": "B", "price": 3300 }
  ]
}
```

这个商品可以属于多个品类，所以 category 是一个数组；这个商品有多种型号，不同型号时为不同的价格，所以 options 是一个数组，数组中的每一项又是一个对象。这个 shema 应该如何描述呢？可以使用如下定义方式：

```
GoodsSchema = new SimpleSchema({
  "name": {
    type: String,
    label: "Goods Name"
  },
  "shop": {
    shop: String,
    label: "Shop Name"
  },
  "category": {
    type: [ String ],
    label: "Category"
  },
  "options.$.type": {
    type: String,
    label: "Goods Type"
  },
  "options.$.price": {
    type: Number,
    label: "Goods Price"
  }
});
```

name 和 shop 的定义方式我们已经熟悉了，category 的类型为字符串数组，使用了 [String] 来定义。下面的 options.$.type 这个方式有些奇怪，其中的 $ 符号表示一个条目，那么 options.$.type 的意思是 options 这个数组下的一个条目中的 type 字段，其中的定义方式就和普通字段一样了。

schema 不仅可以定义字段的类型，还可以帮我们自动填写符合类型的值。例如在帖子的集合中，每篇帖子都有创建时间和修改时间，这类的字段是非常标准化的，完全可以自动填写，例如：

```
PostSchema = new SimpleSchema({
  "title": {
    type: String,
    label: "Coffee Name"
```

```
  },
  [ 省略其他字段 ...]

  "created": {
    type: Date,
    label: "Date Added to System",
    autoValue: function() {
      if ( this.isInsert ) {
        return new Date;
      }
    }
  },
  "updated": {
    type: Date,
    label: "Date Updated in System",
    autoValue: function() {
      if ( this.isUpdate ) {
        return new Date;
      }
    }
  }
});
```

是不是很方便？任何时候插入或更新都会自动设置值，无须我们介入，方便而且安全。在上面的示例中我们用到了 this.isInsert 和 this.isUpdate 这两个新的用法，通过名称很容易看出它们的作用，就是判断当前操作是否为 insert/update。类似的还有 this.isUpsert，在 update/upsert 操作中可以通过 this.docId 获取目标文档的 ID。

现在我们已经了解了如何在数据操作时进行验证，那么如果在某个场景中不想要验证该如何处理呢？ Collection2 也提供了关闭验证的方法，例如：

```
Posts.insert( newPost, { validate: false } );
```

再考虑一个场景，帖子中有创建时间这个字段，在更新帖子时，正常来讲，这个字段是不应该被修改的。Collection2 提供了 denyUpdate 这个配置项来实现这个需求，denyUpdate 设为 true 时，这个字段就不允许被更新了。同样地，还有一个 denyInsert 配置项，对应字段不允许插入，示例代码如下：

```
CoffeeSchema = new SimpleSchema({

  [其他字段 ...]

  "created": {
    type: Date,
    label: "Date Added to System",
    denyUpdate: true
  }
});
```

7.3　本章小结

发布订阅是正规的数据库的读取方式，而 methods 是正规的数据库写入方式，并且可以执行任何需要在服务器端执行的任务，所以两者均非常重要。在开发阶段其作用不大，因为被 autopublish 和 insecure 包给遮蔽了，但在实际的产品运行中是必需的。

如何在服务器端发布数据，如何在客户端订阅发布的数据，以及都有哪些订阅方式，这些都是需要牢固掌握的。发布关联集合数据的方式略显复杂，但实际并不难，弄清 publishComposite 方法的思路就可以了。

methods 的定义和调用方法要掌握好，如何验证参数部分比较灵活，可以先了解整体思路，在以后实际开发中加深理解。

到本章为止，Meteor 开发的几个核心部分就学习完了，应用这些知识足以开始实际开发了。下一章就开始完整地实践一个项目，把之前学习的知识整合起来，全面巩固。

第8章 项目实践——在线书签

通过前几章的学习，我们已经熟悉了 Meteor 开发的主要知识。本章就通过一个完整的项目，把模板、数据库操作、路由、用户系统、数据发布订阅、methods 的知识串联起来应用。

8.1 功能分析

我们的实践项目是“在线书签”，可以在应用中整理自己收藏的网址，具体功能需求如下：

（1）注册登录。

（2）登录后列出自己的书签列表，单击其中某个书签后，在新页面中打开这个网址。

（3）添加书签，添加成功后，返回书签列表，在列表中显示新书签。

（4）修改书签，修改成功后，返回书签列表，在列表中显示修改后的书签。

（5）删除书签，弹出确认提示框，确认后删除书签，在列表中不再显示此书签。

该项目的需求并不复杂，涉及的知识范围刚刚好，可以把之前学习的内容都使用到，是适合作为初学者的实践项目。

我们会先开发成单页的形式，书签列表和添加书签的表单放在同一个页面，需求的功能都完成后，再改造为多页路由的形式。体验这个转换过程，可以更深刻地理解单页和多页的开发方法和不同。接下来添加用户的注册和登录，限制各个操作都要在登录后才能执行，没有登录时给出信息提示。这时，项目需求的功能就都完成了。用户可以登录并维护自己的书签，然后需要做的就是完善代码，把开发期使用的包（autopublish、insecure）移除，修改代码，改为发布订阅和 methods 方式。

功能需求和开发过程的思路都整理完成了，下面就进入代码实战。

8.2　构建单页应用

本节的目标是在单个页面中完成书签列表展示、添加表单，对每条书签可以修改和删除。

8.2.1　创建项目

首先要做的就是创建我们的实践项目，命名为 simple-bookmarks，执行命令：

```
meteor create simple-bookmarks
```

把项目运行起来，然后在浏览器中访问 http://localhost:3000，查看运行效果。

```
cd simple-bookmarks
meteor
```

运行没问题后，我们把默认的示例代码清理一下，便于后续的代码添加。先把 client/main.js 中的代码全部删除，让这个文件内容为空即可，然后修改 client/main.html，内容为：

```
<head>
  <title>在线书签</title>
</head>
```

这样就可以了。现在访问应用，页面显示为空白，我们的准备工作到这儿就完成了。

8.2.2 书签列表

现在的目标是构造书签列表，具体工作主要包括创建列表模板、在模板 helper 中获取书签数据。因为还没有添加书签的功能，所以我们创建一些初始数据，供在列表中展示。

在开始开发之前，我们先把项目中需要的样式准备好，基于 Bootstrap，再加上一些自定义的样式。

安装 Bootstrap 包，执行命令：

```
meteor add twbs:bootstrap
```

编辑 client/main.css，添加自定义样式代码：

```
/* CSS declarations go here */
body {
  font-family: sans-serif;
  background-color: #315481;
  background-image: linear-gradient(to bottom, #315481, #918e82 100%);
  background-attachment: fixed;

  position: absolute;
  top: 0;
  bottom: 0;
  left: 0;
  right: 0;

  padding: 0;
  margin: 0;

  font-size: 14px;
}

.container {
  max-width: 600px;
  margin: 0 auto;
  min-height: 100%;
  background: white;
```

```
  padding-top: 20px;
}

.area {
 margin-top: 50px;
}

h1 {
  font-size: 1.5em;
  margin: 0;
  margin-bottom: 10px;
  display: inline-block;
  margin-right: 1em;
}

ul.bmlist {
  margin: 0;
  padding: 0;
  background: white;
}

ul.bmlist li {
  position: relative;
  list-style: none;
  padding: 15px;
  border-bottom: #eee solid 1px;
}

.bmlist span {
 float: right;
 margin-left: 10px;
}
```

开始创建书签列表的模板，新建文件 client/body.html，代码为：

```
<body>
    <div class="container">
```

```
        <header>
            <h1> 在线书签 </h1>
        </header>

        <div class="area">
            <h4> 书签列表 </h4>
            <ul class="bmlist">
                {{#each bookmarks}}
    {{> bookmark}}
{{/each}}
            </ul>
        </div>
    </div>
</body>
<template name="bookmark">
    <li><a href="{{url}}" target="_blank">{{name}}</a></li>
</template>
```

其中主要是定义了一个循环，遍历每条标签的数据；标签的展示功能使用了单独定义的一个模板，这样便于以后对其扩展。

each 循环的处理对象 bookmarks 需要由 helper 提供。新建文件 client/body.js，定义 bookmarks 的返回数据，这里先用假数据来填充，以便快速看到运行效果，代码为：

```
Template.body.helpers({
  bookmarks: [
    { name: '百度', url: 'http://www.baidu.com' },
    { name: '淘宝', url: 'http://www.taobao.com' },
    { name: '腾讯', url: 'http://www.qq.com' },
  ],
});
```

访问应用，可以看到书签列表已经显示出来了，效果如图 8.1 所示。单击书签链接，弹出新窗口，显示相应的网页。

图 8.1　书签列表效果

接下来要把假数据替换为真实的数据库数据。数据库操作必然需要用到集合对象，书签集合的名字定义为 SimpleBookmarks。新建文件 lib/collection.js，在其中创建书签集合的对象，代码为：

```
Bookmarks = new Mongo.Collection('SimpleBookmarks');
```

然后准备几条初始化数据。当书签集合中没有文档时，插入 3 条书签数据，新建 server/seeds.js，代码为：

```
if (Bookmarks.find().count() === 0) {
    Bookmarks.insert({
        name: "百度",
        url: "http://www.baidu.com"
    });
    Bookmarks.insert({
        name: "淘宝",
        url: "http://www.taobao.com"
    });

    Bookmarks.insert({
        name: "腾讯",
        url: "http://www.qq.com"
    });
}
```

数据准备好后，在 helper 中去掉假数据，改为真实的集合查询，修改 client/body.js 为：

```
Template.body.helpers({
  bookmarks: function (){
   return Bookmarks.find();
  },
});
```

这时访问应用，效果还和之前一样，只是数据的来源改为真实的数据库。

8.2.3 添加书签

本节的目标是开发添加书签的功能，在表单中填写书签信息，提交后保存到数据库，在书签列表中动态显示出新加的书签。

创建添加书签的表单模板，新建文件 client/bookmark_add.html，代码为：

```
<template name="bookmarkAdd">
    <div class="area">
        <h4> 添加书签 </h4>
        <form class="form-add">
            <div class="form-group">
                <input id="bookmark_name" class="form-control" placeholder=
" 名称 ">
            </div>
            <div class="form-group">
                <input id="bookmark_url" class="form-control" placeholder=
" 网址 ">
            </div>
            <button type="submit" class="btn btn-primary"> 确定 </button>
        </form>
    </div>
</template>
```

在 body 中引用添加书签的表单模板，修改 client/body.html，改后的代码为：

```
<body>
    <div class="container">
        <header>
            <h1> 在线书签 </h1>
```

```
        </header>
        {{> bookmarkAdd}}
        <div class="area">
            <h4> 书签列表 </h4>
            <ul class="bmlist">
                {{#each bookmarks}} {{> bookmark}} {{/each}}
            </ul>
        </div>
    </div>
</body>
<template name="bookmark">
    <li><a href="{{url}}" target="_blank">{{name}}</a></li>
</template>
```

访问应用，查看添加表单后的效果，如图 8.2 所示。

图 8.2　添加书签的表单

表单添加完了，下面处理“确定”按钮的单击事件，获取提交的数据，插入到书签集合中。新建文件 client/bookmard_add.js，添加事件处理函数：

```
Template.bookmarkAdd.events({
    'submit form.form-add': function(e, tpl) {
        e.preventDefault();
        var name = tpl.$('#bookmark_name').val();
        var url = tpl.$('#bookmark_url').val();
```

```
        Bookmarks.insert({name:name, url:url}, function (err){
            if(!err){
                tpl.$('#bookmark_name').val('');
                tpl.$('#bookmark_url').val('');
            }
        });
    }
});
```

访问应用，测试添加书签功能。保存成功后，新的书签立即显示在列表中，响应式的体验非常好。

现在已经完成了书签的添加和展示，代码也多了起来。为了后面的开发便利，我们先对现有代码进行整理，让代码结构更清晰一些。

之前的书签列表部分代码是写在 body 中的，提取出来，形成一个单独的书签列表模板会更好一些。新建文件 client/bookmark_list.html，内容如下：

```
<template name="bookmarkList">
<div class="area">
    <h4>书签列表</h4>
    <ul class="bmlist">
        {{#each bookmarks}} {{> bookmark}} {{/each}}
    </ul>
</div>
</template>
```

同样地，把 body.html 中定义的书签条目模板 bookmark 也提取为一个单独文件，新建 client/bookmark.html，移入模板代码：

```
<template name="bookmark">
    <li><a href="{{url}}" target="_blank">{{name}}</a></li>
</template>
```

修改 client/body.html，改为模板的引用，代码简洁了很多，代码为：

```
<body>
    <div class="container">
        <header>
```

```
            <h1> 在线书签 </h1>
        </header>

        {{> bookmarkAdd}}
        {{> bookmarkList}}
    </div>
</body>
```

书签列表模板需要定义它的 helper，新建 client/bookmark_list.js，添加 helper 代码：

```
Template.bookmarkList.helpers({
  bookmarks: function (){
   return Bookmarks.find();
  },
});
```

之前的 client/body.js 已经没有用处了，可以删掉。再次访问应用，查看页面功能是否和之前一致。

8.2.4　删除书签

本节的目标是删除书签，在每条书签后面添加一个删除按钮，单击后在数据库中删除此记录。

在书签条目模板中添加删除按钮，修改 client/bookmark.html，改后的代码为：

```
<template name="bookmark">
    <li>
        <a href="{{url}}" target="_blank">{{name}}</a>
            <span class="remove glyphicon glyphicon-trash"
aria-hidden= "true"></span>
    </li>
</template>
```

访问应用，可以看到新增的删除按钮，如图 8.3 所示。下面对按钮的单击事件进行处理，新建 client/bookmark.js，添加事件处理函数代码：

```
Template.bookmark.events({
```

```
        // 处理删除按钮单击事件
        'click span.remove': function(e, tpl) {
            if (confirm('确定删除此书签？')) {
                var id = this._id;
                Bookmarks.remove({ _id: id });
            }
        }
})
```

访问应用，单击某个书签的删除按钮，弹出确认框，确定后此书签被从数据库中删除，并在页面列表中被动态移除，删除功能开发完成。

图 8.3 删除按钮

8.2.5 修改书签

修改功能相对而言复杂一些。单击某个书签的修改按钮后，这个书签的位置要变为一个编辑表单，表单中默认填好这个书签的信息，表单提交后，修改数据库，成功后，编辑表单消失，显示为修改后的书签信息。

需要在书签条目模板中控制书签和编辑表单的变化逻辑，根据一个响应式变量来决定显示什么。这样，当这个变量的值变化后，模板就可以动态切换显示的内容。session 是响应式的，使用 session 来保存这个变量很合适，先添加 session 包：

```
meteor add session
```

修改书签条目模板，添加显示逻辑，编辑 client/bookmark.html，代码为：

```
<template name="bookmark">
    <li>
        {{#if isEditing }}
        <form class="form-edit">
            <div class="form-group">
                <input id="bookmark_name_new" class="form-control"
placeholder=" 名称 " value="{{name}}">
            </div>
            <div class="form-group">
                <input id="bookmark_url_new" class="form-control"
placeholder=" 网址 " value="{{url}}">
            </div>
            <button type="submit" class="btn btn-primary"> 确定 </button>
            <button class="btn btn-primary btn-cancel"> 取消 </button>
        </form>
        {{else}}
        <a href="{{url}}" target="_blank">{{name}}</a>
        <span class="remove glyphicon glyphicon-trash"
aria-hidden="true"></span>
        <span class="edit glyphicon glyphicon-pencil" aria-hidden="true">
</span>
        {{/if}}
    </li>
</template>
```

这里根据 isEditing 的值是否为 true 来决定显示编辑表单，还是显示书签条目内容。

修改书签条目模板的 JS 文件，处理修改按钮的单击事件，修改 client/bookmark.js，添加事件处理代码和 isEditing 的判断，代码为：

```
Template.bookmark.events({
    'click span.remove' : function (e, tpl){
        if (confirm(' 确定删除此书签？ ')) {
            var id = this._id;
```

```
            Bookmarks.remove({ _id: id });
        }
    },

// 点击修改按钮后，说明要编辑此条书签，把书签的 ID 设置到 session
    'click span.edit' : function (e, tpl){
        Session.set('currentEditingId', this._id);
    }
});

Template.bookmark.helpers({
    isEditing : function (){
// 用 session 中保存的要编辑的书签 ID 和本条书签 ID 做对比，相同则便是要编辑本书签，
// 模板中便会显示编辑表单
        return Session.get('currentEditingId') == this._id;
    }
});
```

这时访问应用，编辑按钮已经可用。单击后，书签信息变为编辑表单，如图 8.4 所示。

图 8.4 编辑书签

接下来处理“确定”和“取消”按钮的单击事件，修改 client/bookmark.js，改后的代码为：

```
Template.bookmark.events({
    'click span.remove': function(e, tpl) {
         if (confirm('确定删除此书签？')) {
            var id = this._id;
            Bookmarks.remove({ _id: id });
        }
    },

    // 单击修改按钮后，说明要编辑此条书签，把书签的 ID 设置到 session
    'click span.edit': function(e, tpl) {
        Session.set('currentEditingId', this._id);
    },

    // 处理编辑表单中的“取消”按钮事件
    'click .btn-cancel': function(e, tpl) {
        e.preventDefault();

        // 把 session 中要编辑的书签 ID 置空，表示没有要修改的书签
        Session.set('currentEditingId', null);
    },

    'submit form.form-edit': function(e, tpl) {
        e.preventDefault();

        // 取得新的书签信息
        var id = this._id;
        var name = tpl.$('#bookmark_name_new').val();
        var url = tpl.$('#bookmark_url_new').val();

        // 修改数据库
         Bookmarks.update({ _id: id }, { $set: { name: name, url: url } },
function(err) {
            if (!err) {
```

```
                // 清理编辑表单内容
                    tpl.$('#bookmark_name_new').val('');
                    tpl.$('#bookmark_url_new').val('');

                    // 置空 session 中的变量值，与“取消”事件处理中的逻辑相同
                    Session.set('currentEditingId', null);
                }
            });
        }
});

Template.bookmark.helpers({
    isEditing: function() {
        // 用 session 中保存的要编辑的书签 ID 和本条书签 ID 做对比，相同便是要编辑本书签，
        // 模板中便会显示编辑表单
        return Session.get('currentEditingId') == this._id;
    }
});
```

访问应用，试验修改功能是否可用。至此，单页形式的功能都已经完成。

8.3 添加路由

上面在单一页面中完成了书签的列表、添加、修改、删除，现在我们把这个单页应用改为多页形式，有书签列表页、书签添加页、书签修改页，都使用统一的顶部导航。

先添加 Iron.Router 包，执行安装命令：

```
meteor add iron:router
```

因为都使用共同的顶部导航，那么就新建一个布局模板，让导航部分不变。新建布局文件 client/layout.html，模板代码为：

```
<template name="layout">
    <div class="container">
        <header>
```

```
            <nav class="navbar navbar-default">
                <div class="container-fluid">
                    <!-- Brand and toggle get grouped for better mobile
display -->
                    <div class="navbar-header">
                        <button type="button" class="navbar-toggle collapsed"
data-toggle="collapse" data-target="#bs-example-navbar-collapse-1" aria-
expanded="false">
                            <span class="sr-only">Toggle navigation</span>
                            <span class="icon-bar"></span>
                            <span class="icon-bar"></span>
                            <span class="icon-bar"></span>
                        </button>
                        <a class="navbar-brand" href="#">在线书签</a>
                    </div>
                    <!-- Collect the nav links, forms, and other content
for toggling -->
                    <div class="collapse navbar-collapse" id=
"bs-example-navbar-collapse-1">
                        <ul class="nav navbar-nav">
                            <li class="active"><a href="/">HOME
<span class="sr-only">(current)</span></a></li>
                            <li><a href="/add">添加书签</a></li>
                        </ul>
                    </div>
                    <!-- /.navbar-collapse -->
                </div>
                <!-- /.container-fluid -->
            </nav>
        </header>
        {{> yield}}
    </div>
</template>
```

为了样式美观，在此使用了Bootstrap的导航代码结构，所以看着比较复杂。但其实不用担心，这里主要只是几个导航链接。

创建路由配置文件，新建 lib/router.js，代码为：

```
Router.configure({
    layoutTemplate: 'layout'
});
Router.route('/', { name: 'bookmarkList' });
Router.route('/add', { name: 'bookmarkAdd' });
```

记得清除 body 中的内容，修改 client/body.html 的内容为：

```
<body></body>
```

现在已经可以看到路由效果了。单击导航中的链接可以正常跳转，如图 8.5 和图 8.6 所示。

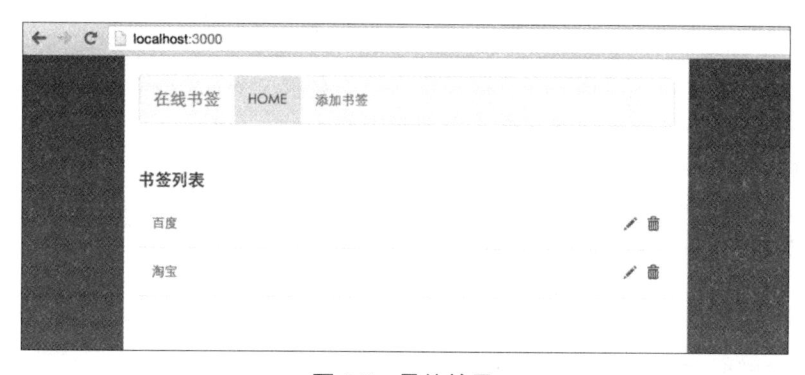

图 8.5　导航效果

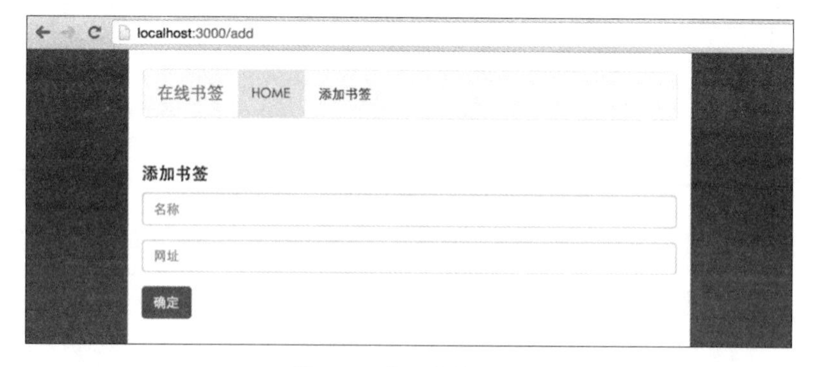

图 8.6　添加书签页面

修改一下添加书签的事件处理函数，在成功添加后自动跳转回列表页，跳转功能使用 Router.go() 方法实现。修改 client/bookmark_add.js，改后的代码为：

```
Template.bookmarkAdd.events({
    'submit form.form-add': function(e, tpl) {
        e.preventDefault();
        var name = tpl.$('#bookmark_name').val();
        var url = tpl.$('#bookmark_url').val();

        Bookmarks.insert({name:name, url:url}, function (err){
            if(!err){
                tpl.$('#bookmark_name').val('');
                tpl.$('#bookmark_url').val('');

                Router.go('/');
            }
        });
    }
});
```

修改书签的模板之前没有，需要新建模板文件。新建 client/bookmark_edit.html，其中是一个编辑表单，和之前的书签条目模板中的表单相同，代码为：

```
<template name="bookmarkEdit">
    <div class="area">
        <h4> 编辑书签 </h4>
        <form class="form-edit">
            <div class="form-group">
                <input id="bookmark_name_new" class="form-control"
placeholder=" 名称 " value="{{name}}">
            </div>
            <div class="form-group">
                <input id="bookmark_url_new" class="form-control"
placeholder=" 网址 " value="{{url}}">
            </div>
            <button type="submit" class="btn btn-primary"> 保存 </button>
        </form>
    </div>
</template>
```

修改书签条目模板，在修改按钮上添加链接，并去掉书签条目模板中的编辑表单部分。修改 client/bookmark.html 内容为：

```
<template name="bookmark">
    <li>
        <a href="{{url}}" target="_blank">{{name}}</a>
        <span class="remove glyphicon glyphicon-trash" aria-hidden="true">
</span>
        <a href="/edit/{{_id}}">
            <span class="edit glyphicon glyphicon-pencil" aria-hidden=
"true"></span>
        </a>
    </li>
</template>
```

修改 lib/router.js，添加编辑书签的路由，改后的代码为：

```
Router.configure({
    layoutTemplate: 'layout'
});
Router.route('/', { name: 'bookmarkList' });
Router.route('/add', { name: 'bookmarkAdd' });

Router.route('/edit/:_id', { name: 'bookmarkEdit', data: function() {
    return Bookmarks.findOne(this.params._id); } });
```

访问页面，单击书签的编辑按钮，可以跳转到编辑页面，然后处理编辑表单的提交事件。新建 client/bookmark_edit.js，添加事件处理函数，在数据库更新完成后，也跳转回书签列表，代码为：

```
Template.bookmarkEdit.events({
    'submit form.form-edit' : function (e, tpl){
        e.preventDefault();

        var id = this._id;
        var name = tpl.$('#bookmark_name_new').val();
        var url = tpl.$('#bookmark_url_new').val();
```

```
        Bookmarks.update({_id: id}, {$set:{name:name, url:url}}, function (err){
            if(!err){
                tpl.$('#bookmark_name_new').val('');
                tpl.$('#bookmark_url_new').val('');

                Router.go('/');
            }
        });
    }
});
```

书签条目模板的JS文件中还有不少无用代码，例如编辑表单提交、取消、书签编辑按钮的单击事件处理等，现在都用不到了，删除即可。修改 client/bookmark.js，改后的内容为：

```
Template.bookmark.events({
    'click span.remove': function(e, tpl) {
        if (confirm('确定删除此书签？')) {
            var id = this._id;
            Bookmarks.remove({ _id: id });
        }
    }
});
```

多页形式的路由改造也已经完成。到现在为止，文件数量已经比较多了，代码也就有些复杂了。所以，建议停下来回顾一下，弄清代码结构和逻辑，思路清晰后再继续开始后面的部分。

8.4　添加用户系统

书签是个人的资源，所以用户系统是必需的，用户注册登录后可以创建和维护自己的书签。

本节的目标是添加用户系统，使其具有注册与登录的功能，而且数据库中的书签记录要添加用户属性，书签列表、新建书签的动作中要关联用户信息，并保证每个用户只操作自己的书签。

添加用户相关包，执行添加命令：

```
meteor add accounts-ui
meteor add accounts-password
```

在布局模板的导航栏中添加登录按钮，修改 client/layout.html 的代码。由于导航部分的代码比较多，都列出来的话会非常不容易看，所以只列出改动的位置，代码为：

```
<template name="layout">
......
                        <ul class="nav navbar-nav">
                            <li class="active"><a href="/">HOME <span class=
"sr-only">(current)</span></a></li>
                            <li><a href="/add"> 添加书签 </a></li>
                            <li><a href="#">{{>loginButtons }} </a></li>
                        </ul>
......
</template>
```

这时在页面中就可以看到登录链接了，如图 8.7 所示。

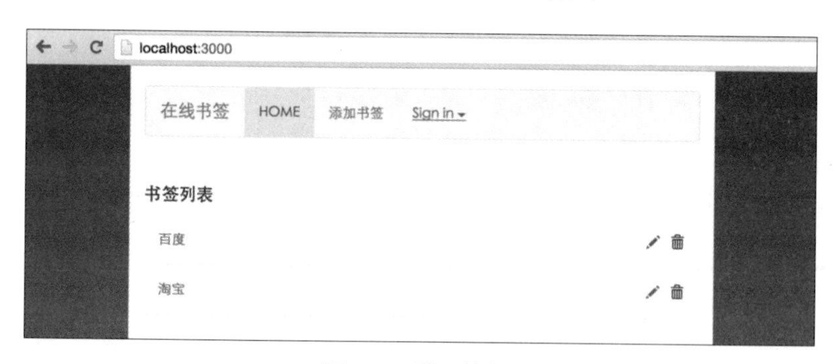

图 8.7 登录按钮

之前的书签文档中没有用户的概念，所以书签相当于是公共的。现在添加了用户系统，就需要给书签文档添加一个新的属性：owner，之后对书签的操作都要判断此书签是否属于当前登录的用户。

调整一下初始化数据，添加书签的所有者。修改 server/seeds.js，先创建用户，然后插入 3 个书签文档，带着 owner 属性，代码为：

```
Meteor.startup(function() {
    var userEmail = 'test@test.com';

    if (Meteor.users.find({ "emails.address": userEmail }).count() == 0) {

        var ownerId = Accounts.createUser({
            email: userEmail,
            password: '111111'
        });



        [{
            name: "百度",
            url: "http://www.baidu.com",
            owner: ownerId
        }, {
            name: "淘宝",
            url: "http://www.taobao.com",
            owner: ownerId
        }, {
            name: "腾讯",
            url: "http://www.qq.com",
            owner: ownerId
        }].forEach(function(one) {
            Bookmarks.insert(one);
        });
    }
});
```

最好清空一下应用的数据，来重新插入初始化数据。先停掉 Meteor，然后执行重置命令，再启动项目。

```
meteor reset
meteor
```

启动完成后访问应用，书签列表中把初始化数据都显示出来了。此时还没有登录，列表中不应该有数据，所以需要修改书签列表的查询方法，在查询条件中指定 owner，修改 client/bookmark_list.js 代码为：

```
Template.bookmarkList.helpers({
    bookmarks: function() {
        if (Meteor.user()) {
            return Bookmarks.find({ owner: Meteor.user()._id });
        }
    }
});
```

再次访问应用时，列表中已经为空。因为没有登录，所以获取不到用户数据。使用初始化数据中创建的用户登录（用户名 test@test.com 密码 111111），登录成功后，书签列表中便显示出初始化数据，如图 8.8 所示。

图 8.8　登录后的效果

下面修改添加新书签的动作，在新书签文档中加入 owner 属性，修改 client/bookmark_add.js 代码：

```
Template.bookmarkAdd.events({
    'submit form.form-add': function(e, tpl) {
        e.preventDefault();

        // 获取当前登录用户的 ID
        var uid = Meteor.user()._id;

        var name = tpl.$('#bookmark_name').val();
```

```
        var url = tpl.$('#bookmark_url').val();

        Bookmarks.insert({name:name, url:url, owner: uid}, function (err){
            if(!err){
                tpl.$('#bookmark_name').val('');
                tpl.$('#bookmark_url').val('');

                Router.go('/');
            }
        });
    }
});
```

在添加书签页面测试，例如填写测试数据“my”和“http://my.com”，提交完成后跳转到书签列表，正常显示出了新建的书签“my”，到数据库中查看一下真实的数据：

```
meteor mongo
meteor:PRIMARY> db.SimpleBookmarks.find();
{ "_id" : "vor4LbTe9tbSi99Ju", "name" : "百度", "url" : "http://www.baidu.com", "owner" : "F3tw3q4Zi87iqZXoD" }
{ "_id" : "gC8dGkiH7ggB58LGr", "name" : "淘宝", "url" : "http://www.taobao.com", "owner" : "F3tw3q4Zi87iqZXoD" }
{ "_id" : "XP6rCvq5KqZCqpDs5", "name" : "腾讯", "url" : "http://www.qq.com", "owner" : "F3tw3q4Zi87iqZXoD" }
{ "_id" : "Hekj7pis9uJHsjdSu", "name" : "my", "url" : "http://my.com", "owner" : "F3tw3q4Zi87iqZXoD" }
```

可以看到新建的书签“my”中正确地带有 owner 属性和值。

对于这个书签应用，没登录时的任何操作都是没有意义的。所以我们在列表模板、添加书签、编辑书签的路由中添加登录验证；未登录时不执行路由，显示请登录的提示信息。

修改布局模板文件 client/layout.html，添加提示信息的内容，在 {{> yield}} 外层添加一个逻辑判断，只有用户登录后才加载 {{> yield}} 部分，否则显示提示信息。具体代码为：

```
<template name="layout">
    ......
        {{#if currentUser}}
            {{> yield}}
        {{else}}
            <div class="alert alert-warning" role="alert">欢迎使用在线书签，请
登录 / 注册 </div>
        {{/if}}
     ......
</template>
```

其中 if 中的 currentUser 并不需要我们自己定义，这是用户系统中自带的，直接使用就可以。

这时在未登录的状态下访问应用，就会显示提示信息，如图 8.9 所示。

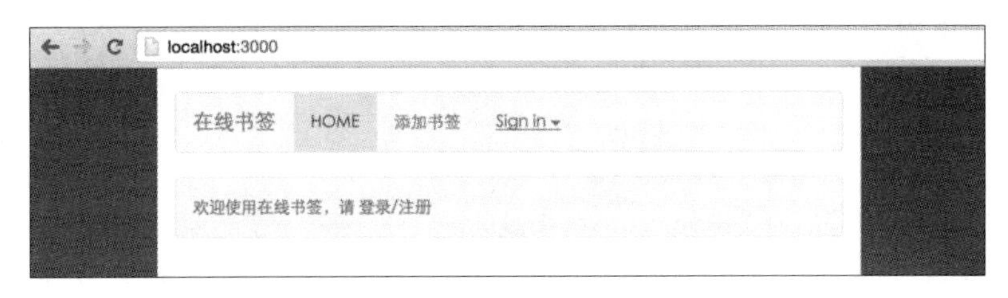

图 8.9 未登录时的提示信息

上面是在模板中验证是否登录。例如单击“添加书签”链接，虽然没登录时会显示提示信息，但实际上“/add”这个路由方法已经执行了，并且 URL 地址栏中的链接是“/add”，我们并不需要执行这个路由，可以在路由控制文件中进行统一验证。

通过 Router.onBeforeAction() 这个 hook 方法来实现，对指定的路由方法执行之前调用一个处理逻辑。

修改路由控制文件 lib/router.js，添加 hook 代码：

```
Router.configure({
    layoutTemplate: 'layout'
});
Router.route('/', { name: 'bookmarkList' });
Router.route('/add', { name: 'bookmarkAdd' });

Router.route('/edit/:_id', {
```

```
    name: 'bookmarkEdit',
    data: function() {
        return Bookmarks.findOne(this.params._id);
    }
});

var requireLogin = function() {
    if (!Meteor.user()) {
        Router.go('/');
    }
    this.next();
}

Router.onBeforeAction(requireLogin, { only: ['bookmarkList', 'bookmarkAdd',
'bookmarkEdit'] });
```

这里定义 requireLogin 这个验证方法，获取不到用户信息时，跳转到首页，否则继续执行后续的路由方法。然后在 Router.onBeforeAction() 方法中调用，实现了登录验证。

8.5　代码完善

至此，我们这个书签应用的功能已经开发完成。本节的目标是对代码进行改进完善，移除 Meteor 提供的 autopublish 和 insecure 包，使项目在实际运营中性能更好，更加安全。

8.5.1　发布订阅改造

我们需要移除自动发布机制，定义自己的数据发布，然后在路由中订阅数据。

首先移除自动发布，执行命令：

```
meteor remove autopublish
```

访问应用并登录，没有显示任何数据。下面定义数据的发布和订阅。

发布代码放置在 server 目录下，新建文件 server/publication.js，定义发布，代码如下：

```
Meteor.publish('allBookmarks', function() {
    return Bookmarks.find();
});
```

在路由中添加订阅，修改路由控制文件 lib/router.js，改后的代码为：

```
Router.configure({
    layoutTemplate: 'layout',
    waitOn: function() { return Meteor.subscribe('allBookmarks'); }
});
Router.route('/', { name: 'bookmarkList' });
Router.route('/add', { name: 'bookmarkAdd' });

Router.route('/edit/:_id', {
    name: 'bookmarkEdit',
    data: function() {
        return Bookmarks.findOne(this.params._id);
    }
});

var requireLogin = function() {
    if (!Meteor.user()) {
        Router.go('/');
    }
    this.next();

}

Router.onBeforeAction(requireLogin, { only: ['bookmarkList', 'bookmarkAdd',
'bookmarkEdit'] });
```

这样，发布订阅的改造就完成了。现在访问应用并登录，书签列表中会正确显示数据；随便测试一下其他功能，检查整体是否正常。

8.5.2 methods 改造

methods 改造涉及的地方较多，书签添加、修改、删除的动作都需要定义 method。

首先移除 insecure，执行命令：

```
meteor remove insecure
```

访问应用，测试一下删除动作。单击某条书签的删除按钮，浏览器的控制台中会显示错误提示：

```
remove failed: Access denied
```

在 lib/collection.js 中定义添加、修改、删除 的 methods，代码如下：

```
Bookmarks = new Mongo.Collection('SimpleBookmarks');

Meteor.methods({
  bookmarkInsert: function(postAttributes) {
    var user = Meteor.user();
    var post = _.extend(postAttributes, {
      owner: user._id
    });

    var postId = Bookmarks.insert(post);

    return {
      _id: postId
    };
  },

  bookmarkUpdate: function (postAttributes){
   Bookmarks.update({_id: postAttributes.id},{$set:postAttributes});
  },

  bookmarkRemove: function (postAttributes){
   Bookmarks.remove({ _id: postAttributes.id });
  }
});
```

下面修改添加、修改、删除的执行动作，改为调用 methods 方式。

改造书签添加动作中的 methods 调用，修改 client/bookmark_add.js，代码为：

```
Template.bookmarkAdd.events({
    'submit form.form-add': function(e, tpl) {
        e.preventDefault();

        // 获取当前登录用户的 ID
        var uid = Meteor.user()._id;
        var name = tpl.$('#bookmark_name').val();
        var url = tpl.$('#bookmark_url').val();

        Meteor.call('bookmarkInsert', { name: name, url: url },
function(error, result) {
            if (error) {
                return alert(error.reason);
            }
            tpl.$('#bookmark_name').val('');
            tpl.$('#bookmark_url').val('');

            Router.go('/');

        });

    }
});
```

改造书签修改动作中的 methods 调用，修改 client/bookmark_edit.js，代码为：

```
Template.bookmarkEdit.events({
    'submit form.form-edit' : function (e, tpl){
        e.preventDefault();

        var id = this._id;
        var name = tpl.$('#bookmark_name_new').val();
        var url = tpl.$('#bookmark_url_new').val();
```

```
        Meteor.call('bookmarkUpdate', {id: this._id, name:name, url:url},
function(error, result) {
            if (error) {
                return alert(error.reason);
            }

            Router.go('/');

        });
    }
});
```

改造书签删除动作中的 methods 调用，修改 client/bookmark.js，代码为：

```
Template.bookmark.events({
    'click span.remove': function(e, tpl) {
        e.preventDefault();
        if (confirm('确定删除此书签？')) {
            Meteor.call('bookmarkRemove', { id: this._id }, function (error,
result) {
                if (error) {
                    return alert(error.reason);
                }
            });
        }
    },
});
```

8.6　本章小结

本章完整地开发了一个小项目。项目虽小，但知识面很全，把我们之前学习的内容巩固了一遍。这个项目中没有复杂的功能，可代码量不少，对于刚刚接触 Meteor 的我们，还是有一点难度的，所以一定要把整体代码结构和逻辑弄懂。

在读者自己实践的过程中，虽然示例代码已经很全了，但难免会遇到一些小问题。这时就需要静下心来分析，自己捋清思路，然后调试代码。这个过程可以使我们加深对知识的理解，增加经验。

项目中的一些细节并没有实现，例如导航中的链接高亮，没有跟随当前页面变化；另外，用户系统只用了最基础的样式，没有进行更多的配置，如单独的登录页面、文字汉化等。这些细节可以自己动手来练习添加，通过前面介绍的知识和自行查询相关文档，锻炼自己的思路和Meteor代码开发能力。

第9章
测试与调试

在大型项目开发中，测试是必需的。即使在小的项目中，也建议使用测试。测试无关项目的功能，但能够保障项目的质量，所以测试的被重视程度在逐渐提高。

本章中会对测试进行简单的介绍，然后通过分析示例项目的测试代码来掌握 Meteor 中的测试方式，最后了解一下如何对 Meteor 项目进行调试。

9.1 测试

9.1.1 概述

通过测试，可以让你的应用按照自己的预期来运行。尤其是在很长时间以后改动代码时，如果有一套优良的测试代码，对代码的重构或者重写都会很有信心。测试也是一份最好的代码，当其他开发人员接手代码时，通过测试代码，可以快速地了解这部分代码的使用方式。

在一些小的项目中，测试通常被视为累赘；即使在一些大的项目中，测试也被认为是笨重的、没什么意义的。但实际上，测试是一种非常重要的思维方式，当你有了测试的思维，建立了一套测试环境之后，将会使你的代码开发更加容易，更加高效。因为你在开始写一个功能之前，会先考虑这个功能的结果应该是什么样的，应该如何测试这个功能，这个功能的流程逻辑是什么样的，都需要测试哪些条件，如何让测试更容易进行。

通过测试，可以描述出期望的代码输出行为，可以一步步地构建各个功能。如果真的建立了一套测试代码并通过了所有测试，那么你就可以确定代码在任何环境下都没有问题，这样就减少了 bug，并具有更好的可维护性，可以更好地理解代码和系统行为。

根据测试的粒度和范围的不同，测试通常分为以下几类。

1. 单元测试

如果想要测试一个小模块的功能，就需要编写单元测试。

单元测试是最小粒度的测试，测试目标单一明确，但模块间可能会有功能交互。这时需要使用 stub 和 mock 来模仿其他模块的功能，使当前测试的模块可以正常运行。

2. 集成测试

如果想测试多个模块连接起来后的运行情况，就需要编写集成测试。

集成测试是对多个模块进行联合测试，范围比单元测试更广，更加复杂，但通常也还是对整个系统某一个部分的测试，仍属于代码功能测试的层面。

3. 验收测试

如果想知道整个系统实际运行后的效果是否正确，就需要进行验收测试。

验收测试不再是代码层面的测试，而是实际使用行为的测试，例如在浏览器中单击某个按钮的反应是否符合预期。验收测试不像单元测试与集成测试那样，与系统代码的连接那么大，它通常只是对测试行为和测试数据的设置。

4. 压力测试

前面几种测试方式用于保证系统功能的正确性，尽量少地出现 bug。系统正确运行了，最后就会比较关心系统能承受住多少的访问量，以便于在接近压力阈值之前提前做好准备。压力测试就是用来摸清楚系统压力阈值的，如果发现系统的承受能力较低，就要尽快对代码进行优化。对于一个大的应用，压力测试是非常必要的，经过了测试才会对应用的运行比较有信心。

Meteor 应用的主要测试方式是使用 meteor test 这个命令。meteor test 可以支持单元测试、集成测试和验收测试。

通过 meteor test 可以让应用进入测试模式。在此模式下，不会像正常启动应用时那样加载应用的代码，而是优先加载所有名称匹配 *.test[s].* 或者 *.spec[s].* 模式的文件，然后启动测试驱动程序，运行所有测试代码。

所以，写测试文件时，只要文件名符合特定的命名规则即可，并且这些测试文件不会被 build 到正式应用中。需要注意的是，测试文件不要放在 tests 文件夹下，因为这个文件夹是用来放置自定义的测试文件的。例如你不想使用 Meteor 的测试框架，希望使用其他测试方式，然后自己来运行这些测试代码，就可以放到 tests 文件夹下。meteor test 会忽略此文件夹，而且也同样不会被 build 进正式应用。

meteor test 适用于单元测试和简单的集成测试。Meteor 还提供了另一种"全应用"测试模式，使用如下命令来运行：

```
meteor test --full-app
```

和 meteor test 有几点区别，例如，加载的测试文件的名称需匹配 *.app-test[s].* 或 *.app-spec[s].*，并且不像 meteor test 只进入测试模式，不运行应用，full-app 模式会正常加载和启动整个应用。所以，在此模式下可以执行复杂的集成测试和验收测试。

前面提到了 meteor test 会启动测试驱动程序，这个测试驱动实际上是一个 mini 应用，用来运行你的每一个测试，并以某种方式展示出测试结果。测试驱动有两种主要的类型。

（1）Web 报告。

以 Web 页面的形式展示出测试报告，如图 9.1 所示。

（2）控制台报告。

完全在命令行下运行测试，并展示测试结果的报告。

Meteor 中的测试驱动包有很多个选择，如下所示。

- practicalmeteor:mocha

  可以运行客户端和服务器端的测试。测试结果通过浏览器展示，可以结合 spacejam 这个包来支持命令行形式。

- dispatch:mocha-phantomjs

  可以运行客户端和服务器端的测试。集成了 PhantomJS，测试报告是在服务器端的控制台展示，可用于在持续集成服务器上执行测试，并提供了 watch 模式。

- dispatch:mocha-browser

  可以运行客户端和服务器端的测试。客户端的测试结果在浏览器中展示，服务器端的测试结果在服务器控制台中展示，也提供了 watch 模式。

- dispatch:mocha

  只运行服务器端测试，有 watch 模式。

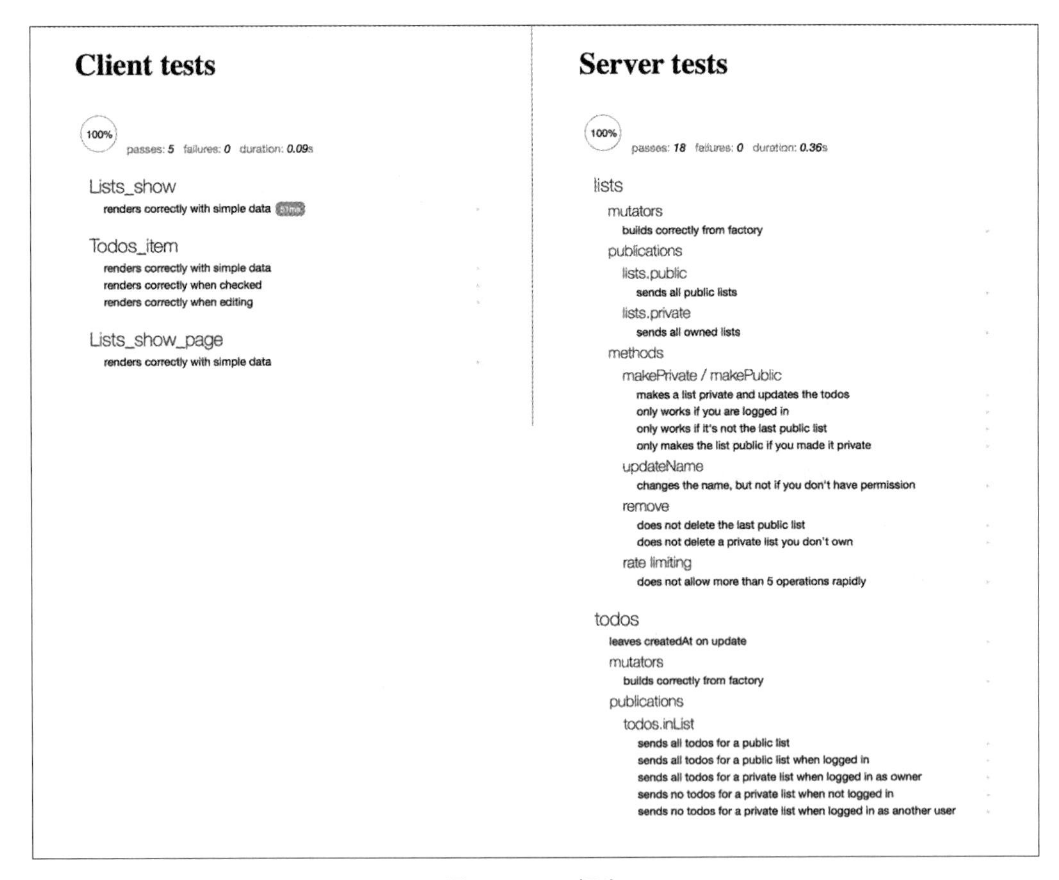

图 9.1 Web 报告

通过这些包的名字，可以看到一个共同点，就是都带有 mocha。因为 Meteor 支持的测试框架就是 mocha（这是一个非常流行并且简单好用的框架）。9.1.2 节会详细介绍其用法。

官方推荐的测试驱动是 practicalmeteor:mocha。下面就先安装好这个包，然后在后续部分了解它的用法：

```
meteor add practicalmeteor:mocha
```

9.1.2　mocha 入门

mocha 是一个功能丰富的 JavaScript 测试框架，可以运行在 Node.js 环境和浏览器中；支持异步测试，连续运行各个测试，然后精确地展示出测试报告。mocha 虽然功能丰富，但非常简单，以至于无须过多介绍。接下来我们就学习一下如何使用 mocha。

1. Node.js 方式

使用 npm 安装 mocha：

```
npm install -g mocha
```

mocha 需要 chai 这个断言模块的支持，所以也要安装 chai：

```
npm install chai
```

编写测试代码，新建一个测试文件，例如 test.js，代码如下：

```
var assert = require('chai').assert;
describe('Array', function() {
  describe('#indexOf()', function () {
    it('should return -1 when the value is not present', function () {
      assert.equal(-1, [1,2,3].indexOf(5));
      assert.equal(-1, [1,2,3].indexOf(0));
    });
  });
});
```

在测试文件的目录下执行命令 mocha 即可执行测试，并显示测试结果，如图 9.2 所示。

```
Array
  #indexOf()
    ✓ should return -1 when the value is not present


1 passing (6ms)
```

图 9.2 mocha 运行结果

我们简单分析一下这段示例代码：

```
describe('name', function() {
...
});
```

用于定义一个描述，相当于一个外壳，其中还可以定义多个 describe 作为子描述，例如：

```
describe('Array', function() {
  describe('#indexOf()', function () {
    ...
  });
});
```

先定义了一个 Array 数组的描述，其中又定义了一个子描述 indexOf()，意思是要描述 Array 的 indexOf()。

在 indexOf 这个描述中定义了一个 it 代码块：

```
 it('说明信息', function () {
      ...
    });
```

it 有两个参数，一个是文字说明信息，另一个是实际的测试方法。“it”是“它”的意思，那么 indexOf 这个描述中的 it 的意思就是：Array 中的 indexOf() 应该是 xxx，后面测试方法的结果会指出实际是否如此。

```
assert.equal(-1, [1,2,3].indexOf(5));
```

调用 assert.equal() 方法判断其中两个参数的值是否相等。

这就是 mocha 的基本测试思路：先给出描述信息，然后用断言方法判断实际情况是否相符，非常简单。下面看一些更多的测试示例。

（1）异步测试

```
describe('User', function() {
  describe('#save()', function() {
    it('should save without error', function(done) {
      var user = new User('Luna');
      user.save(function(err) {
        if (err) throw err;
        done();
      });
    });
  });
});
```

这里想要测试 User 的 save() 方法，传入了一个回调方法 done，在 user.save() 执行完成后被调用。

（2）hook

mocha 提供了几个 hook 方法，用来做测试前的准备工作和测试后的清理工作。

```
describe('hooks', function() {

  before(function() {
    // 在所有测试之前执行
  });

  after(function() {
    // 在所有测试之后执行
  });

  beforeEach(function() {
    // 在每个测试之前执行
  });

  afterEach(function() {
```

```
    // 在每个测试之后执行
  });

  // 测试用例
});

beforeEach(function() {
  return db.clear()
    .then(function() {
      return db.save([tobi, loki, jane]);
    });
});

describe('#find()', function() {
  it('respond with matching records', function() {
    return db.find({ type: 'User' }).should.eventually.have.length(3);
  });
});
```

（3）待定的测试

编写测试时，可能会规划出很多测试，但开发要一步步来。为了便于记住需要编写哪些测试，就可以使用“待定测试”的方式，先定下来要编写的测试，只是先不写具体的测试内容，后期再添加，代码为：

```
describe('Array', function() {
  describe('#indexOf()', function() {
    // 待定的测试，只有说明，没有测试体
    it('should return -1 when the value is not present');
  });
});
```

（4）排他测试

在开发时，为了快速开发测试某个功能，可能只想运行某个测试的代码，不想全部测试都运行。这样可以减少执行时间。这时可以指定要运行哪个测试，排除其他的测试，代码为：

```
describe('Array', function() {
  describe.only('#indexOf()', function() {
    // ...
  });
});

describe('Array', function() {
  describe('#indexOf()', function() {
    it.only('should return ...', function() {
      // ...
    });

    it('should return ...', function() {
      // ...
    });
  });
});
```

only 可以指定在 describe 上，也可以指定在 it 上。指定在 describe 时，其中的所有测试都会被执行；指定在 it 时，只执行这一个测试。需要注意的是，使用排他测试时，hook 方法还是会被执行的。

2. 浏览器方式

了解了 node 环境中使用 mocha 的方式，下面看一下如何在浏览器中使用 mocha。

先创建一个示例项目，例如 mochatest，在其中创建几个空的文件，先建立起项目结构，如图 9.3 所示。

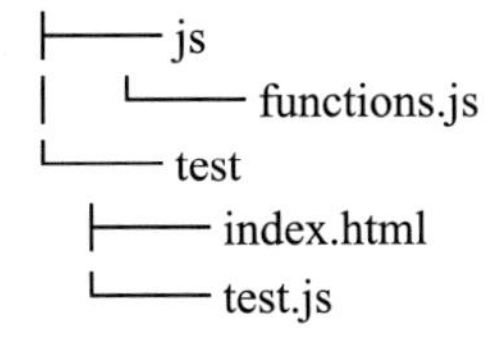

图 9.3　项目结构

为了方便，我们使用 bower 来安装 mocha，在项目目录下执行安装命令：

```
bower init
bower install mocha chai
```

这时项目下就有了 bower_components 文件夹，其中包括 mocha 和 chai 的目录。下面编写测试的主页面，编辑 test/index.html，代码为：

```
<!DOCTYPE html>
<html>
<head>
  <meta charset="utf-8">
  <title>Mocha Tests</title>
  <link rel="stylesheet" href="../bower_components/mocha/mocha.css" />
</head>
<body>
  <div id="mocha"></div>
  <script src="../bower_components/chai/chai.js"></script>
  <script src="../bower_components/mocha/mocha.js"></script>
  <script src="../js/functions.js"></script>
  <script>mocha.setup('bdd')</script>
  <script src="test.js"></script>
  <script>
    mocha.run();
  </script>
</body>
</html>
```

这里引入了 mocha 和 chai 的 JS 文件，并启动了 mocha，实际的测试代码在 test/test.js 文件中。下面添加测试代码，编辑 test/test.js，加入代码：

```
var expect = chai.expect;

describe('Compare Numbers', function() {
    it('1 should equal 1', function() {
        expect(1).to.equal(1);
    });
});
```

执行了一个最简单的测试，判断 1 等于 1，结果必然是正确的。在浏览器中打开 test/index.html，查看测试结果，如图 9.4 所示。

passes: 1 failures: 0 duration: 0.04s 0%

Compare Numbers
✓ 1 should equal 1

图 9.4 测试结果 1

我们再添加一个简单的判断，添加如下代码：

```
it('2 should be greater than 1', function() {
  expect(2).to.be.greaterThan(1);
});
```

刷新页面查看测试结果，如图 9.5 所示。

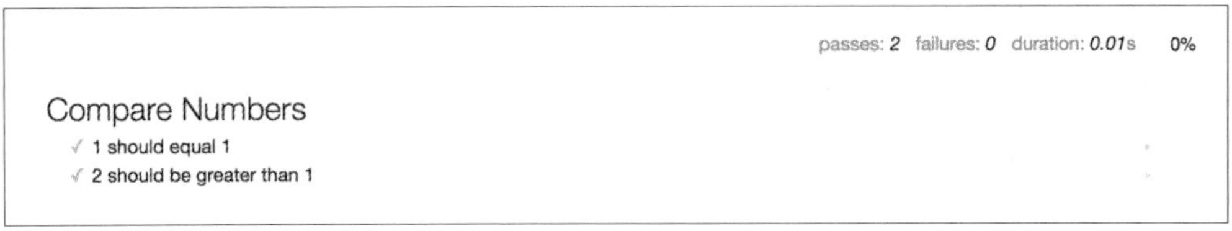

passes: 2 failures: 0 duration: 0.01s 0%

Compare Numbers
✓ 1 should equal 1
✓ 2 should be greater than 1

图 9.5 测试结果 2

上面的测试均没有实际意义，只是为了展示基本的测试方法。下面我们进行实际函数的测试，编辑 js/functions.js，添加一个简单的函数，什么逻辑都没有，单纯地返回 true，代码为：

```
function isEven(num) {
  return true;
}
```

然后在测试文件中新定义一个描述，修改 test/test.js，添加代码：

```
describe('Is Even Tests', function() {
    it('Should always return a boolean', function() {
```

```
        expect(isEven(2)).to.be.a('boolean');
    });
    it('Calling isEven(76) sould return true.', function() {
        expect(isEven(76)).to.be.true;
    });

    it('Calling isEven(77) sould return false.', function() {
        expect(isEven(77)).to.be.false;
    });
});
```

其中前两个判断的结果肯定是正确的；第 3 个期望的是 false，一定不对，因为 isEven 这个函数始终返回的是 true。刷新浏览器，查看运行结果，如我们所料，返回了错误信息，如图 9.6 所示。

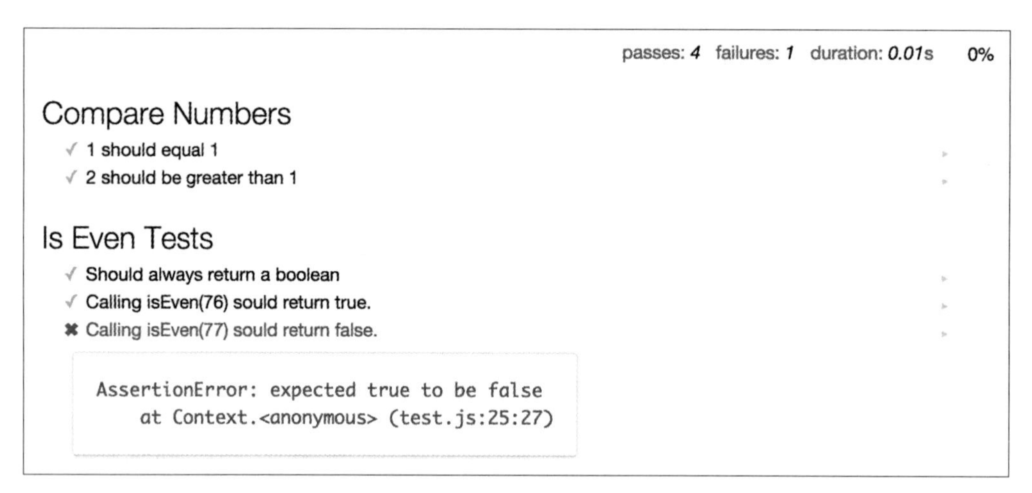

图 9.6 测试结果 3

至此，在浏览器中使用 mocha 的方式我们已经熟悉了，剩下的就是结合 mocha 的用法进行更多的测试开发了。

9.1.3 Meteor 单元测试详解

本节我们以 Meteor 的官方示例项目 TODO 为例，学习此项目中测试的用法。首先需要准备好这个项目，下载并运行起来，执行命令：

```
git clone https://github.com/meteor/todos.git
```

```
cd todos-master
meteor npm install
meteor
```

示例项目已经准备就绪，下面就可以查看其中的测试文件了。我们重点分析一下单元测试的代码：

```
// imports/ui/components/client/todos-item.tests.js

import { Factory } from 'meteor/factory';
import { chai } from 'meteor/practicalmeteor:chai';
import { Template } from 'meteor/templating';
import { $ } from 'meteor/jquery';


import { withRenderedTemplate } from '../../test-helpers.js';
import '../todos-item.js';

describe('Todos_item', function () {
  beforeEach(function () {
    Template.registerHelper('_', key => key);
  });

  afterEach(function () {
    Template.deregisterHelper('_');
  });

  it('renders correctly with simple data', function () {
    const todo = Factory.build('todo', { checked: false });
    const data = {
      todo,
      onEditingChange: () => 0,
    };

    withRenderedTemplate('Todos_item', data, el => {
      chai.assert.equal($(el).find('input[type=text]').val(), todo.text);
      chai.assert.equal($(el).find('.list-item.checked').length, 0);
```

```
      chai.assert.equal($(el).find('.list-item.editing').length, 0);
    });
  });

  ...
});
```

这个测试文件源码中的测试内容比较多，为了便于分析，这里只留下一个测试方法。其他的测试方法思路都是相似的，理解了这个测试方法，其他的就容易理解了。

代码的顶部是对所需模块和文件的引入，然后进入测试主体代码：

```
describe('Todos_item', ...
```

说明了此测试是针对 Todos_item 这个功能的。

```
  beforeEach(function () {
    Template.registerHelper('_', key => key);
  });

  afterEach(function () {
    Template.deregisterHelper('_');
  });
```

这部分是 mocha 的 hook 函数，作用是在执行测试之前为模板注册 underscore 库的功能，测试之后再注销掉，接下来的 it(...) 开始了测试动作。

```
const todo = Factory.build('todo', { checked: false });
const data = {
    todo,
    onEditingChange: () => 0,
};
```

先是使用工厂方法构造了一个 todo 对象，然后封装为一条测试数据。

```
withRenderedTemplate('Todos_item', data, el => {
    chai.assert.equal($(el).find('input[type=text]').val(), todo.text);
    chai.assert.equal($(el).find('.list-item.checked').length, 0);
    chai.assert.equal($(el).find('.list-item.editing').length, 0);
});
```

调用 withRenderedTemplate 方法，用上面封装的测试数据 data 对 Todos_item 模板进行渲染，然后对渲染结果进行测试，从模板中获取 DOM 节点的状态和预期进行对比，验证此模板的行为逻辑是否正确。这样，一个模板的单元测试就完成了，测试思路很清晰：引入测试相关的文件、准备初始数据、执行逻辑（此处是渲染模板）、对执行结果进行断言验证。

弄清楚了这个单元测试的整体思路，接下来我们看一下细节部分，Factory.build(...) 这个工厂方法是从哪儿来的呢？这就是单元测试中经常需要用到的测试数据的构造方式，使用 dburles:factory 包来实现。其具体使用方法主要就是定义测试数据的结构，然后实际创建出测试数据。

定义测试数据示例：

```
Factory.define('author', Authors, {
  name: 'John Smith'
}).after(author => {
  ...
});

Factory.define('book', Books, {
  authorId: Factory.get('author'),
  name: 'A book',
  year() { return _.random(1900, 2014); }
});
```

本测试中并没有调用 Factory.define() 进行定义，它实际是在另一个文件中定义的：

```
// imports/api/todos/todos.js

Factory.define('todo', Todos, {
  listId: () => Factory.get('list'),
  text: () => faker.lorem.sentence(),
  createdAt: () => new Date(),
});
```

Factory.get('list') 用于获取另一个名为 list 的 Factory 实例，faker.lorem.sentence() 的作用是创建一段随机的文字内容。

创建测试数据的示例：

```
// Insert 一条新的 book 到 books 集合中
const book = Factory.create('book');
```

在本测试中，没有使用 Factory.create() 方法，因为此方法会向数据库插入数据。这里是对模板进行测试，只需要数据，不需要向数据库插入，所以使用了 Factory.build() 方法。此方法只创建数据，而不插入数据库。

了解了测试数据的生成方式，再看下一个细节，withRenderedTemplate() 方法是从何而来呢？在顶部的 import 部分，可以看到一行代码：

```
import { withRenderedTemplate } from '../../test-helpers.js';
```

说明 withRenderedTemplate() 方法在 test-helpers.js 文件中，打开此文件查看内容：

```
import { _ } from 'meteor/underscore';
import { Template } from 'meteor/templating';
import { Blaze } from 'meteor/blaze';
import { Tracker } from 'meteor/tracker';

const withDiv = function withDiv(callback) {
  const el = document.createElement('div');
  document.body.appendChild(el);
  try {
    callback(el);
  } finally {
    document.body.removeChild(el);
  }
};

export const withRenderedTemplate = function withRenderedTemplate(template,
data, callback) {
  withDiv((el) => {
    const ourTemplate = _.isString(template) ? Template[template] : template;
    Blaze.renderWithData(ourTemplate, data, el);
    Tracker.flush();
```

```
    callback(el);
  });
};
```

withDiv() 方法只是简单地创建了一个 div 容器节点，然后执行其回调方法，执行完成后清除掉 div 节点。

withRenderedTemplate 调用 withDiv()，在传入的回调函数中对模板进行渲染，然后执行传入自身的回调方法。其中的 Tracker.flush() 用于阻止模板的响应式机制，以防影响测试结果。

此文件提供了测试的辅助方法，让测试文件本身简洁、易维护。

至此，通过对一个测试示例的分析，我们熟悉了单元测试的思路。下面运行 TODO 的所有测试，查看测试报告的效果（如图 9.7 所示），并运行测试方法。

```
meteor test --driver-package practicalmeteor:mocha
```

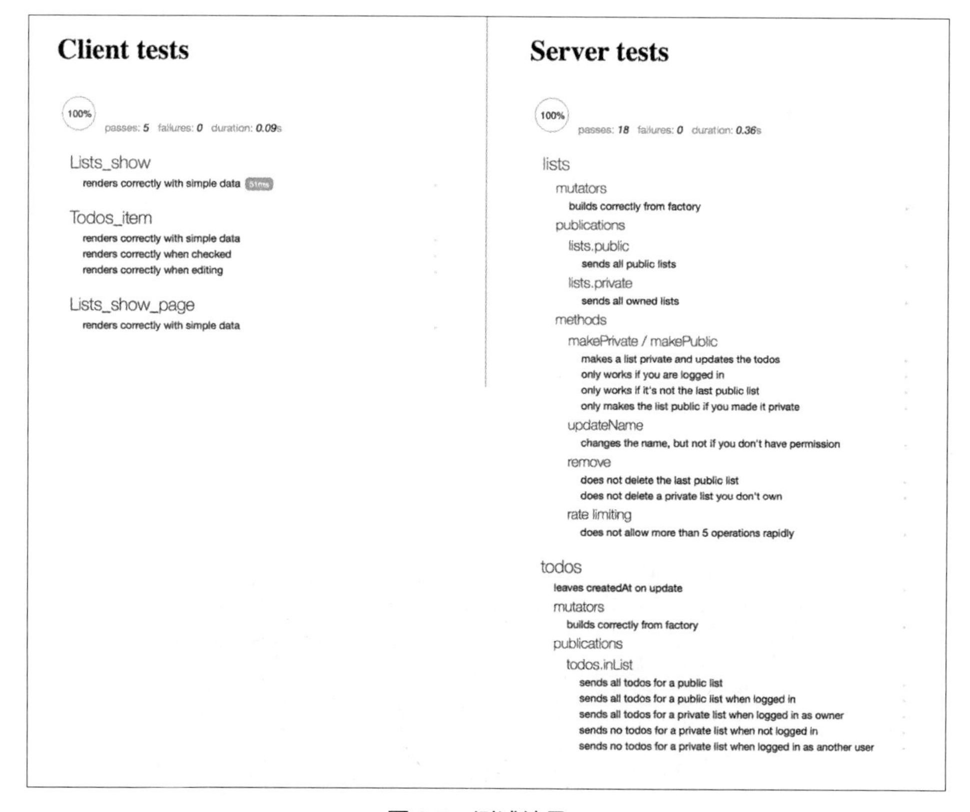

图 9.7 测试结果 4

9.2 调试

调试的目的是为了更细致地了解代码在某一时刻或者某个动作后的表现状态，Meteor 中的调试有以下 4 种选择。

1. console.log()

这是最基本的调试方式，可以随时查看某个变量的值，而且可以同时工作于客户端和服务器端。

2. meteor shell

MeteorCLI 提供的一个交互窗口，可以执行服务器端代码，输入后立即返回结果信息。

3. 浏览器 debugger

用于调试客户端代码。

4. meteor debug

Meteor CLI 提供的命令，可以进入 debug 模式，用于调试服务器端代码。

console.log() 应用得太普遍了，在此不做介绍了。下面介绍一下其他几种方式的用法。

9.2.1 meteor shell

meteor shell 需要在项目运行的状态下执行，它会自动连接到当前运行的 Meteor 进程。新开一个命令行终端，进入项目目录下，执行命令，进入交互界面，如图 9.8 所示。

```
meteor shell
```

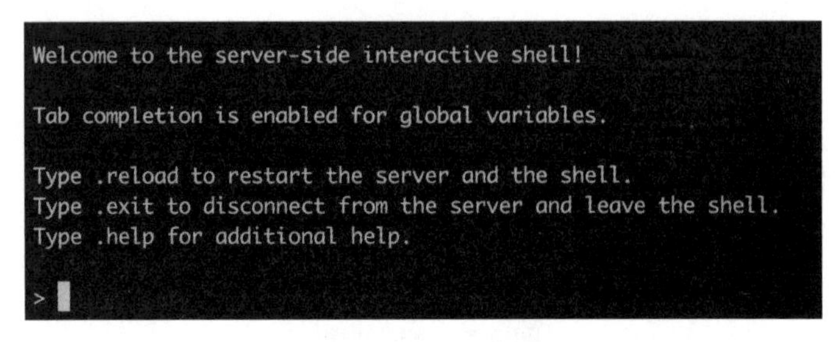

图 9.8 shell 界面

进入后的提示信息中已经介绍了其基本使用方式，输入一个命令体验一下，执行后的效果如图 9.9 所示。

```
> Meteor.server.publish_handlers
```

```
>
> Meteor.server.publish_handlers
{ meteor_autoupdate_clientVersions: [Function],
  allUsers: [Function],
  userdetail: [Function] }
>
```

图 9.9 查看 publish_handlers 信息

还可以调用集合对象插入数据，例如：

```
> PostsCollection.insert({title: '测试'})
```

通过 meteor shell 可以方便地查看服务器中变量的值，也可以执行输入的代码，只是不太直观。如果能有一个图形界面的调试器就方便了，这就需要 meteor debug 来帮忙。

9.2.2 meteor debug

meteor debug 和 meteor shell 不同，不需要启动项目。执行 meteor debug 命令后，Meteor 会以 debug 模式启动项目，可以通过 http://localhost:3000 正常访问项目，还可以通过 debug url 进入调试界面。执行 meteor debug 的提示信息如图 9.10 所示。

```
=> Started proxy.
=> Started MongoDB.
   Downloading meteor-tool@1.3.4_1...
Your application is now paused and ready for debugging!

To debug the server process using a graphical debugging interface,
visit this URL in your web browser:
http://localhost:8080/debug?port=5858

Paused at /Users/dys/meteor/helloworld/.meteor/local/build/programs/server/app/app.js:138
```

图 9.10 meteor debug 执行结果信息

已经明确提示了如何进入调试界面。在浏览器中访问 URL http://localhost:8080/debug?port=5858，界面效果如图 9.11 所示。

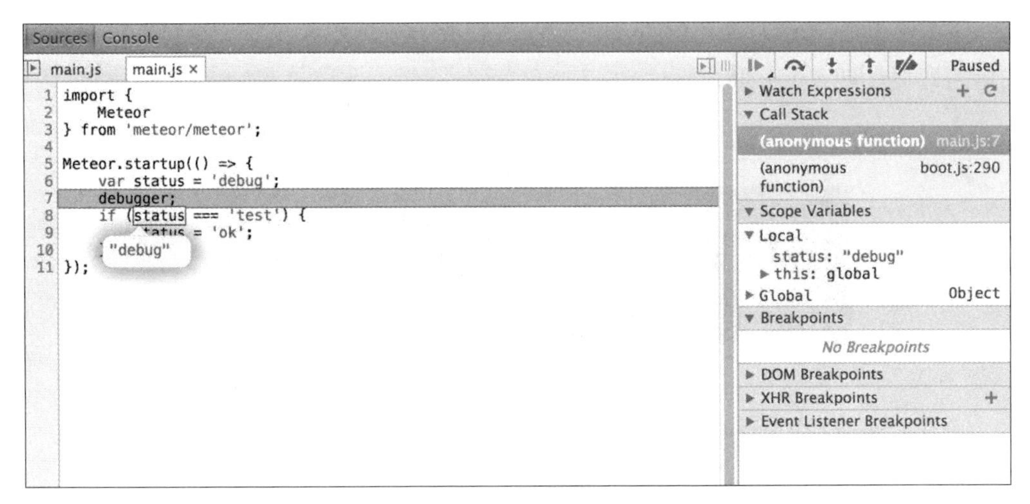

图 9.11 debug 界面

meteor debug 实际使用了 Node.js 的调试器 node-inspector，通过 node-inspector 启动了一个服务，端口是 8080，然后发出请求后会在内部转发并监听 Node 默认的 5858 端口。

调试器的左侧是源码区域和控制台，右侧是调试工具，包括单步进入，以及取消断点、查看变量等功能。

刚开始访问 http://localhost:3000 时可能会不能正常执行，因为应用被 debugger 暂停了。这时可以单击调试器右侧工具栏中的“暂停 / 继续”按钮，让应用继续运行。

需要注意，访问调试器时，需要使用基于 WebKit 的浏览器，如 Chrome 或者 Safari，不能使用 IE 或 Firefox。

9.2.3 浏览器 debugger

客户端的调试不需要任何 Meteor 命令了，正常运行项目，使用浏览器的开发者工具即可调试。以 Chrome 为例，打开开发者工具界面，单击进入“Sources”源码选项卡页，界面如图 9.12 所示。

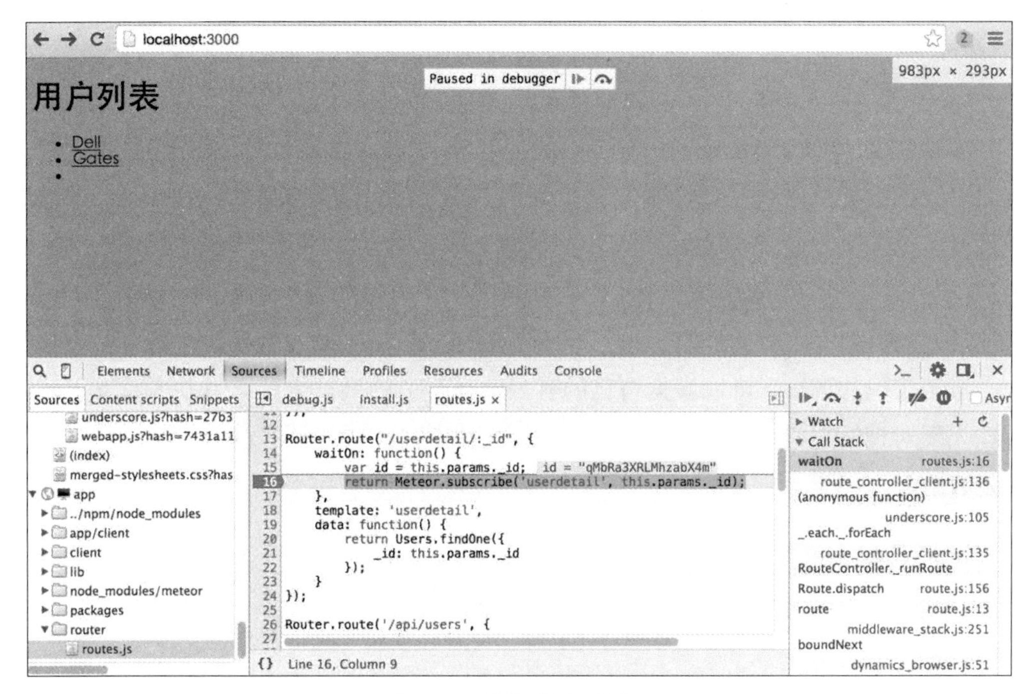

图 9.12　浏览器调试界面

需要注意的是源码文件的选择。因为 Meteor 运行时会把源码文件分类进行合并压缩，所以自然不能选择压缩的文件进行调试。在 Sources 左侧的文件列表中需要选择带有电脑图标的“app”目录下的文件，其中是正常格式的源码，可以用于调试，如图 9.13 所示。

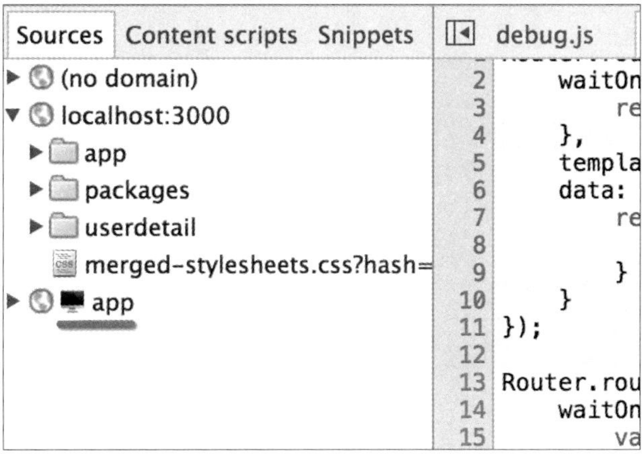

图 9.13　源码位置

9.3 本章小结

本章重点介绍了 Meteor 中单元测试的开发方法，以及几种常用的调试途径。mocha 测试框架的应用是非常重要的，是测试的基础，一定要熟练掌握。单元测试是最基本的测试，建议在实际项目开发中做好单元测试，即使没有集成测试、验收测试，也应该应用单元测试。在后期的代码维护、升级、重构时，单元测试都会带来非常大的益处。

至于代码的调试，可以根据自己的喜好选择合适的调试方法。有些人喜欢调试，有些人反对调试，没有明确的定论，只要能够提高自己的开发效率、保证代码质量就是好的。

第10章 部署

现在项目已经开发完成，是时候部署到线上服务器上了。对于部署的方式，Meteor 提供了一个最简单的方法，就是部署在 Meteor 提供的云平台上，只需简单地注册和信息配置，就可以把自己的项目部署到 Meteor 的云服务上。但由于网络的原因，把我们的项目部署到国外的服务器上还是不太可靠的，所以本章就不对这种方式进行介绍了，有兴趣的朋友可以到 Meteor 官网查看文档。这种方式的确非常简单。为了适应网络环境，我们还是选择国内的服务器比较好，例如阿里云和腾讯云的服务器，Meteor 也同样有方便的办法把项目部署到自己的服务器上。

10.1 自动部署

Meteor-up（简称 mupx）是一个命令行工具，可以帮助我们轻松地把应用部署到自己的服务器上，使用简单。在本地的配置文件中指定目标服务器的 SSH 连接信息、要部署的应用的本地路径，然后执行 meteor up 的部署命令，等待部署过程完成后，就可以访问服务器中的应用了。

mupx 是基于 Docker 容器的，如果你对 Docker 不熟悉，也不用担心，把它理解为一个箱子就好。mupx 把应用放置到这个箱子中，里面有所需要的环境，如 Node.

js。箱子的内外是隔离的，这样就不需要关心操作系统的各种特性差别，不会因为这些特性引起令人头痛的问题。

mupx 负责 Docker 的操作细节，我们只需要在服务器中安装好 Docker 环境就好。以 CentOS 7 版本的 Linux 服务器为例，Docker 的安装只需要一个命令，安装完成后启动 Docker 服务，并添加一个名为 docker 的组，之后 mupx 会用到，执行命令：

```
yum install docker
sudo service docker start
groupadd docker
```

安装好 Docker 后，服务器中的工作就完成了。主要的工作是在自己的本机上，需要安装 mupx，然后编辑配置文件，执行部署命令。

在自己的本机通过 npm 安装 mupx，执行命令：

```
npm install -g mupx
```

创建一个用于 mupx 工作的目录，例如 mupxtest，在命令行中进入此目录，通过 mupx 的初始化命令创建相关文件，执行命令：

```
mupx init
```

执行后的反馈信息为：

```
Meteor Up: Production Quality Meteor Deployments
------------------------------------------------
Configuration file : mup.json
Settings file      : settings.json

Empty Project Initialized!
```

其中提出了两个文件，配置文件 mup.json 和设置文件 settings.json，查看 mupxtest 目录，发现其中的确出现了这两个文件，如图 10.1 所示。

```
├──── mup.json
└──── settings.json
```

图 10.1 文件结构

对于简单的部署，不需要关心 settings.json，而重点是 mup.json。其中的默认内容比较丰富，我们来分析一下：

```
{
  // 服务器的认证信息
  "servers": [
    {
      "host": "hostname",
      "username": "root",
      "password": "password",
      "env": {}
    }
  ],

  // 在服务器上安装 MongoDB，不用担心会破坏服务器上现有的 MongoDB
  // 如果不想安装，设置为 false
  "setupMongo": true,

  // 要部署的应用的名称，注意不要有空格
  "appName": "meteor",

  // 要部署的应用的绝对路径
  "app": "/Users/arunoda/Meteor/my-app",

  // 配置应用的环境变量
  "env": {
    "PORT": 80,
    "ROOT_URL": "http://myapp.com"
  },

  // mupx 会在部署完成后检查应用是否已经正常运行
  // 在检查之前可以等待几秒的时间，由这个值指定
  "deployCheckWaitTime": 15,

  // 是否显示进度条
  "enableUploadProgressBar": true
}
```

总结一下：servers 部分指定了要部署到哪儿，怎么连接；app 指定了要部署谁；

env 指定了如何运行应用，例如运行在哪个端口、访问的域名等。

接下来实际部署一个应用试试。先新建一个应用，作为部署目标；然后配置 mup.json；最后执行部署命令。

新建一个应用，名为 mupxdeploy，执行创建项目的命令：

```
meteor create mupxdeploy
```

修改一下 client/main.html，添加一点个性信息，例如：

```
<head>
  <title>mupx</title>
</head>

<body>
  <h1>我是通过 meteor up 部署的</h1>
</body>
```

开始配置 mupxtest/mup.json，配置后的内容为：

```
{
  "servers": [
    {
      "host": "18.92.4.31",
      "username": "root",
      "password": "bqFHNoiNCzuxq",
      "env": {}
    }
  ],

  "setupMongo": false,

  "appName": "mupxdeploy",
  "app": "/Users/abc/meteor/mupxdeploy",

  "env": {
    "PORT": 3001,
    "ROOT_URL": "http://18.92.4.31",
    "MONGO_URL": "mongodb://18.92.4.31:27018/databasename"
```

```
  },

  "deployCheckWaitTime": 5,
  "enableUploadProgressBar": true
}
```

servers 中指定了要部署到 IP 为 18.92.4.31 的服务器上，也给出了 SSH 登录的用户名和密码。

setupMongo 设置为 false，说明不需要安装 MongoDB。

app 指明要部署的应用所在的路径为 /Users/abc/meteor/mupxdeploy。

env 中配置了应用运行所需的环境信息，运行在 3001 端口，访问应用的 URL 是 http://18.92.4.31。因为上面指定不安装 MongoDB，所以这里配置一下已有 MongoDB 的连接信息。

配置完成了，下面运行 mupx 的命令来部署。在此需要执行 setup 和 deploy 两个命令：setup 用来在服务器中创建部署所需的相关环境，deploy 用来执行部署相关操作，这两个命令均在 mup.json 所在的位置执行。

```
mupx setup
```

结果信息如下：

```
Started TaskList: Setup (linux)
[18.92.4.31] - Installing Docker
[18.92.4.31] - Installing Docker: SUCCESS
[18.92.4.31] - Setting up Environment
[18.92.4.31] - Setting up Environment: SUCCESS
```

```
mupx deploy
```

执行结果信息如下：

```
Started TaskList: Deploy app 'mupxdeploy' (linux)
[18.92.4.31] - Uploading bundle
[18.92.4.31] - Uploading bundle: SUCCESS
[18.92.4.31] - Sending environment variables
[18.92.4.31] - Sending environment variables: SUCCESS
[18.92.4.31] - Initializing start script
```

```
[18.92.4.31] - Initializing start script: SUCCESS
[18.92.4.31] - Invoking deployment process
[18.92.4.31] - Invoking deployment process: SUCCESS
```

部署完成后访问服务器中应用的 URL。部署成功的话，会正常显示我们修改的个性信息，如图 10.2 所示。至此，使用 mupx 的自动部署就完成了。

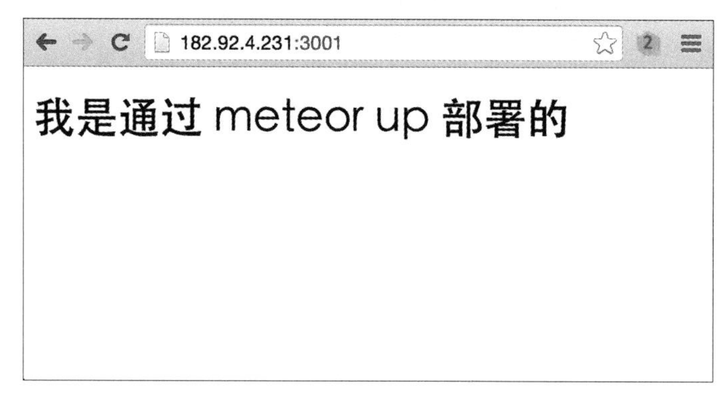

图 10.2 mupx 部署成果

10.2 手动部署

通过 mupx，只需指明要把哪个应用部署到哪个服务器就可以了，服务器环境的安装，应用的编译、打包、上传等辅助工作都不需要我们来操作。部署过程简单是这种方式的优势；相对应地，也肯定会有一些劣势。之所以简单，是因为 mupx 把整个过程进行了封装，而很可能就是因为这个封装而使问题变得复杂，例如部署过程中出现一些未知的问题，由于我们不了解其中的操作细节，排查和解决起来便比较麻烦。

手动部署的方式就可以让我们清楚地明白整个部署过程的详细步骤，同时也意味着操作的复杂度提高了。但也不用过于担心，把思路弄清楚后还是不难的。

下面我们就先了解手动部署过程都需要哪些步骤：

（1）服务器安装 Node.js。

（2）服务器安装 MongoDB。

（3）本机对应用进行编译和打包。

（4）把应用包文件传输到服务器，解压。

（5）安装、运行。

接下来进入实际的操作过程。

（1）服务器安装 Node.js。

强烈建议使用 NVM 来安装 Node.js，因为使用 NVM 可以灵活地安装和使用各个版本的 Node.js。

在使用 Node.js 环境时，关于版本的问题并不少见。例如某些应用需要在某个旧版本下才能正常，如果直接安装了 Node.js，之后发现不兼容，就要重新安装其他版本。这个过程比较复杂，而 NVM 可以轻松解决这个问题。使用 NVM 可以安装任意多个不同版本的 Node.js，互相不影响，想使用哪个版本可以直接切换，删除某个版本也非常简单。

NVM 的安装只需要执行一条命令：

```
curl -o- https://raw.githubusercontent.com/creationix/nvm/v0.31.1/install.
sh | bash
```

查看版本，检查是否安装成功，正常显示版本信息表示安装成功。

```
nvm --version
```

查看可安装的 Node.js 版本：

```
nvm ls-remote
```

如果只列出了 io.js 版本，那么就需要指定 Node.js 的镜像地址，设置环境变量，然后再次执行上面的命令。

```
export NVM_NODEJS_ORG_MIRROR=http://nodejs.org/dist
```

例如要安装 v0.10.41，通过 nvm 指定版本号即可：

```
nvm v0.10.41
```

命令执行完成后，查看 node 的版本，验证是否安装成功：

```
node -v
```

用同样的方法可以安装多个版本，查看本机已经安装的版本列表：

```
nvm ls
```

切换要使用的版本使用命令：

```
nvm use v0.10.41
```

（2）服务器安装 MongoDB。

下载安装包：

```
curl -O https://fastdl.mongodb.org/linux/mongodb-linux-x86_64-3.2.6.tgz
```

解压：

```
tar -zxvf mongodb-linux-x86_64-3.2.6.tgz
```

把解压包复制到目标目录：

```
mkdir -p mongodb
cp -R -n mongodb-linux-x86_64-3.2.6/ mongodb
```

设置环境变量：

```
export PATH=<mongodb-install-directory>/bin:$PATH
```

运行 MongoDB 服务：

```
mongod
```

如果想指定数据存放位置，则使用 dbpath 参数指定：

```
mongod --dbpath <path to data directory>
```

进入 mongo 命令行客户端：

```
mongo
```

可以执行一些插入查询命令来验证 MongoDB 是否成功运行。

服务器中的环境已经就绪，下面开始在本机中编译应用。

（3）本机对应用进行编译和打包。

先在应用目录的外层创建一个 output 目录，用来存放编译打包后的压缩文件，然后在应用目录下执行 Meteor 的编译命令：

```
meteor build ../output --architecture os.linux.x86_64
```

build 是 Meteor 的编译指令，后面跟上目标输出路径，--architecture os.linux.

x86_64 指定基于 64 位 Linux 架构体系来编译，否则在 Linux 系统中会出现依赖包错误的问题。

执行命令后，在 output 目录下就会看到以应用名为名称的 .tar.gz 压缩文件，编译打包的工作完成了。

（4）把应用包文件传输到服务器，解压。

把打包文件复制到服务器，例如放在 ~/meteorapp/ 目录下，并解压：

```
cd ~/meteorapp/
tar -xzf  appname.tar.gz
```

解压后，会产生一个 bundle 目录，应用所需要的文件都在里面。

（5）安装、运行。

在 bundle 目录中已经准备好了一个说明文件，查看内容：

```
cd bundle
cat README
```

内容为：

```
(cd programs/server && npm install)
export MONGO_URL='mongodb://user:password@host:port/databasename'
export ROOT_URL='http://example.com'
export MAIL_URL='smtp://user:password@mailhost:port/'
node main.js
```

这里清晰地说明了安装和运行方法：在 bundle 目录下按顺序执行这几个命令即可。注意修改好那几个环境变量的内容。如果要使用 80 以外的其他端口，还需要指定环境变量 PORT。

示例：

```
export MONGO_URL=mongodb://localhost:27017/数据库名称
export ROOT_URL=http://域名或IP
export PORT=3000
```

定义好环境变量后，执行 $node main.js 启动应用。

至此，手动部署完成。

10.3 本章小结

本章介绍了 Meteor 应用部署到线上服务器的方式。mupx 部署方式操作简单，配置好要部署到哪儿、要部署谁、运行参数有哪些这些基本信息就可以了，其余工作都由 mupx 自动完成。这种方式简单方便，但缺少灵活性。例如我们想自己控制服务器的细节配置、相关环境软件的版本等，自动部署就不合适了。所以 Meteor 同样支持手动部署，提供了编译打包的命令，由我们来控制其他过程。

Meteor 的部署工作没有复杂的逻辑和难度，但部署过程中仍可能出现一些问题，例如系统配置细节的影响、Node.js 版本的影响……这些都不是 Meteor 本身的问题，需要多请教系统运维经验丰富的朋友，或查找资料解决。

第11章
架构扩展

在运营初期，我们的 Meteor 应用运行在单台服务器上，没有问题。但随着用户量和访问量的增加，单台服务器就会变得力不从心，性能问题凸显。这时必然会涉及架构的扩展，使我们的应用能够从容地为海量用户提供顺畅的服务。本章我们就逐步介绍架构扩展的过程。

11.1 架构思路

经过开发与部署，应用顺利上线运行，为用户提供着很棒的功能和体验。可以想象得到，访问量会越来越大，用户量不断增长，1 万、5 万、10 万……一切都非常美好，但需要冷静地考虑一个问题：当访问量越来越大时，应用是否能够支撑得住？

我们先来看一下现在的应用架构，如图 11.1 所示。

现在的结构非常简单，所有工作都在一台服务器中完成。但单台服务器的资源总是有限的，访问压力增大后，必然会使资源紧张，例如 CPU 超负荷、内存不足、I/O 压力大、网络带宽不能满足传输需求……

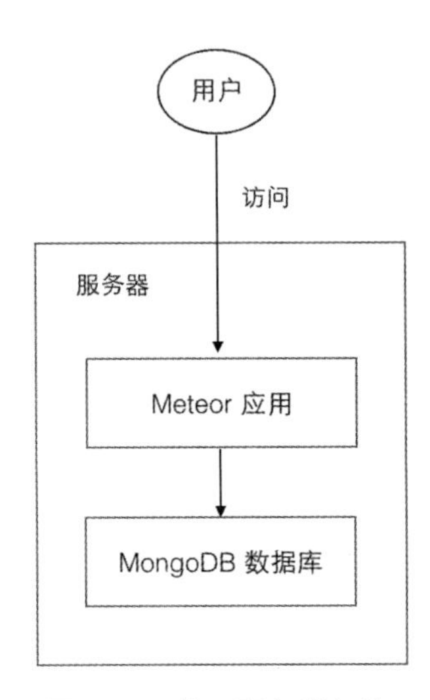

图 11.1 单一服务器架构

那时应该如何处理呢？这就需要通过调整整体的架构，让应用具有扩展性。可以根据访问压力的增大来动态添加服务器资源，以保证用户的正常使用。

我们来一步步地思考，假设现在的访问量大了，这一台服务器承受不住了，可以考虑把数据库移到另一台服务器中。因为在用户访问应用的过程中，数据库的操作是很频繁的，数据库必然需要不少的服务器资源，如果把数据库分离开，一定可以减轻压力，如图 11.2 所示。

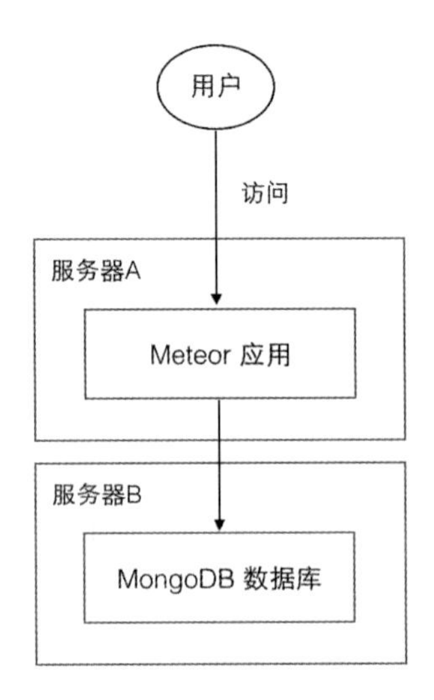

图 11.2 拆分单独的数据库服务器

现在有两台服务器了，资源充足，用户体验顺畅。但没想到应用发展太顺利，没多久，Meteor 应用的访问压力猛增，服务器 A 力不从心。这时就需要构建应用服务器集群，再添加一台服务器。上面运行着同样的 Meteor 应用，让用户分别访问这两台应用服务器，那么处理能力就增加了一倍。为了分配用户的请求到这两台服务器，需要使用负载均衡服务器，它们的结构关系如图 11.3 所示。

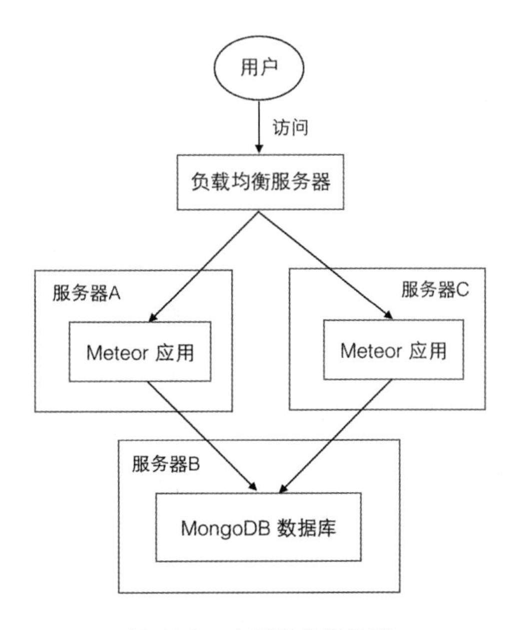

图 11.3　应用服务器集群

形成这个架构之后，Meteor 应用层面就具有了水平扩展能力。例如当两台服务器不够时，就再加一台，添加到负载均衡服务器下，实现了处理能力动态扩充，解决了应用层面的性能扩展。

但是当数据库支撑不住时怎么办？比较好的解决办法是使用缓存服务器。例如现在非常流行的 Redis，把频繁使用的数据存放到缓存，就可以大大地减轻数据库的压力，如图 11.4 所示。

架构发展到现在，已经有了很大成效，应用层面和数据层面的压力可以很好地消化掉，但需要考虑另外一个问题：现在只有一个数据库服务器，万一它出问题了怎么办？应用会不会就无法访问了？数据会不会丢失？

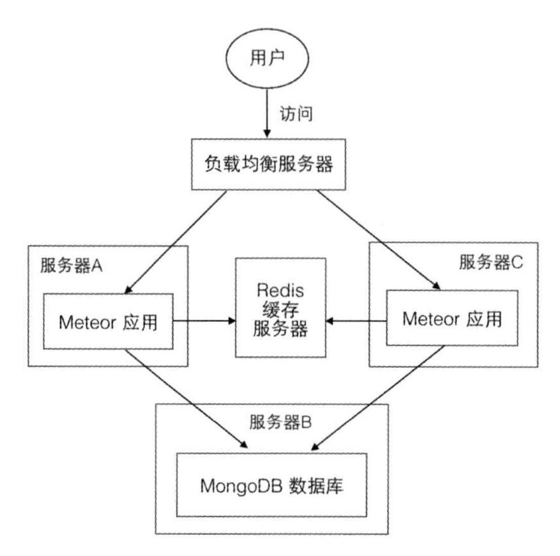

图 11.4　增加 Redis 服务器

为了解决这个问题，可以使用 MongoDB 提供的复制集机制，使用多台数据库服务器来一起工作。这几个数据库是同步关系：当一台数据库服务器出现问题后，马上使用另一台补上，不会有数据库服务中断的情况；而且每台数据库内的数据都是一致的，坏了一个数据库也不怕，数据还存在于其他服务器，不会丢失，如图 11.5 所示。

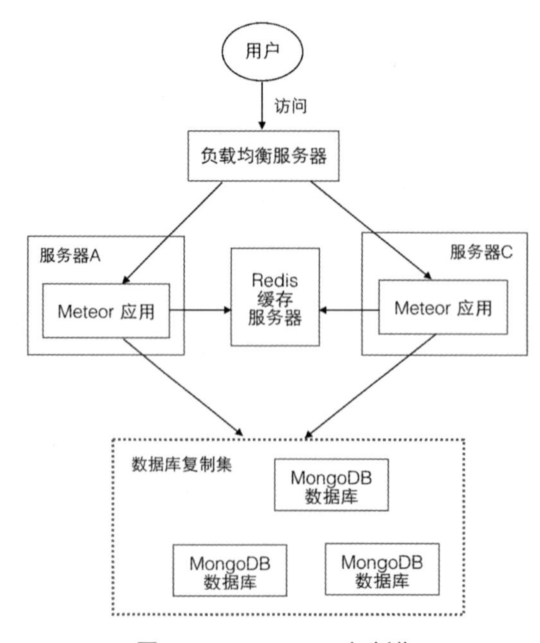

图 11.5　MongoDB 复制集

至此，一个典型的架构设计方案已经完成。虽然这只是一个基础型的架构，但最重要的是它具有了水平扩展的能力，为后续的发展打下了非常好的基础。

11.2 Nginx负载均衡

负载均衡服务器（LB）是集群中的重要组成部分，负责调度集群内的服务器。

LB 接收用户的请求，然后根据负载均衡策略，决定把请求转发给集群中的哪台服务器，当那台服务器处理完业务逻辑时，把响应结果返回给 LB，LB 再返回给用户。

在使用 LB 之前，域名指向应用服务器，用户的请求直接发到应用服务器，应用服务器执行完业务逻辑后把响应信息返回给用户，如图 11.6 所示。

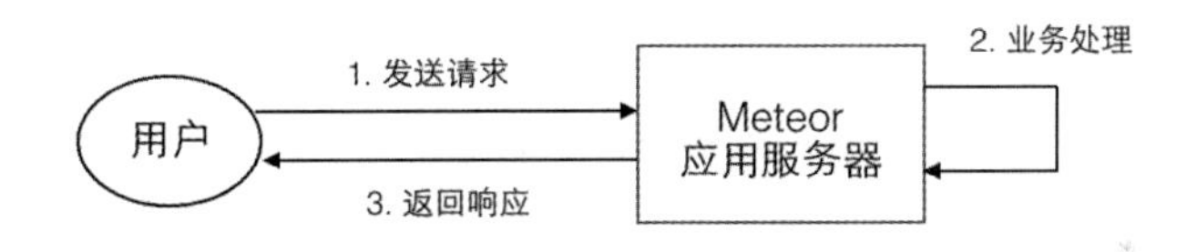

图 11.6　使用 LB 前

在使用 LB 之后，域名指向 LB，用户的请求先到达 LB，LB 根据负载均衡策略选择一台服务器，把请求转发过去，收到服务器的处理结果后，向用户返回响应信息，如图 11.7 所示。

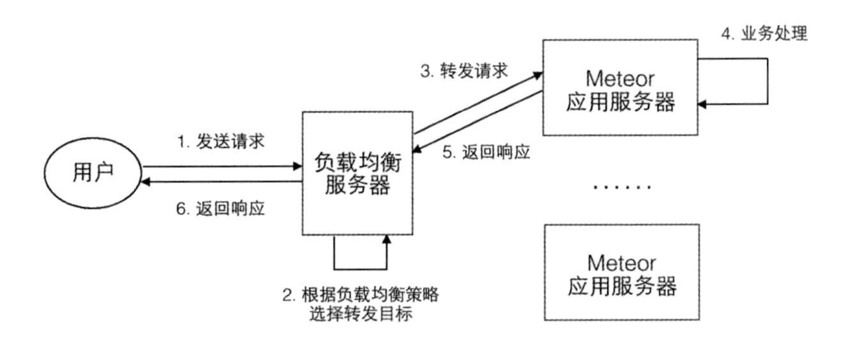

图 11.7　使用 LB 之后

Nginx 是一个著名的反向代理服务器，具有出色的负载均衡能力，所以被广泛作为负载均衡服务器使用。Nginx 负载均衡的使用非常简单，把多个应用服务器放在一起，构成一个服务器组，Nginx 可以将其视为一台服务器，接收到用户的请求后，转发给这个服务器组，然后组内再决定由哪个成员处理这个请求。

配置的具体方式如下。

（1）定义服务器组

假设现在有两台运行着 Meteor 应用的服务器，需要让 Nginx 知道这两台 Meteor 服务器。把这些服务器定义为一个组，Nginx 就可以在用户和服务器组间进行请求的转发沟通了。

通过 upstream 模块进行定义，例如：

```
upstream meteors {
server 192.168.1.31:3000;
server 192.168.1.32:3000;
}
```

这样就定义了一个服务器组，名字为“meteors”，这个名字必须是唯一的。

upstream 的内部就是一系列服务器的定义，使用 server 指令开头，后面是此服务器的访问地址。

注意，upstream 的定义是在任何 server{} 块外面的。

（2）请求转发

定义好了服务器组，就知道了请求转发的目的地。接下来配置 location，把所有的用户请求转过去：

```
server {
    ......
    location / {
        proxy_pass http://meteors;
        proxy_http_version 1.1;
        proxy_set_header X-Forwarded-For $proxy_add_x_forwarded_for;
        proxy_set_header Host $http_host;
        proxy_set_header Upgrade $http_upgrade;
        proxy_set_header Connection "upgrade";
    }
    ......
}
```

这个配置是把所有请求都进行转发，location 块的内部为转发动作的详细配置：

- proxy_pass
  告诉 Nginx 把匹配的请求都转发到后面定义的地址上去，这里是 http://meteors，不是一个实际可访问的地址，而是上面定义好的 meteor 服务器组。
- proxy_http_version
  用来设置 HTTP 的版本，默认是 1.0，这里设置为 1.1，目的是想使用 WebSockect 功能。
- proxy_set_header
  在请求被转发前对请求头中的信息进行修改。例如 X-Forwarded-For，可以把用户的 IP 转发过去；否则，真实服务器收到的请求信息中的 IP 是 Nginx 服务器的 IP。Host 的作用也类似，其把真实的 Host 信息传递过去；后面的 Upgrade 和 Connection 用来配合 WebSockect 链接。

（3）指定负载均衡策略

定义好服务器组，并把用户请求成功转发过去，其实已经完成了最基本的负载均衡。

请求到达服务器组后，upstream 来决定具体转给哪个服务器，这就涉及“负载均衡策略”的概念。

上面的 upstream 定义中只定义了服务器信息，并没看到与负载均衡策略相关的配置。在默认情况下，upstream 会使用轮询策略，第一个请求来了以后，转给其中的第一个服务器，第二个请求转给第二个服务器，依此类推，当后面没有服务器了以后，再从第一个服务器开始。

这个策略在普通的无状态应用中没有问题，用户的请求可以由任何服务器处理，但在 Meteor 应用中就会出现问题。因为 Meteor 使用了 WebSockets 技术，需要保持客户端与服务器间的连接，所以使用这个轮询策略就会发生连接被中断的情况。

在负载均衡策略中还有另外一个方式，叫 ip_hash，可以简单理解为 IP 定向转发策略，就是相同的 IP 请求会被转发到同一个服务器。这就保证了用户和真实服务器间是始终相连的，同一个用户的请求都是由同一个服务器服务的。

```
upstream meteors {
server 192.168.1.31:3000;
```

```
server 192.168.1.32:3000;
ip_hash;
}
```

（4）重新加载配置文件

通过上面的配置，负载均衡已经配置成功，下面使配置生效即可。

在实际工作中最好不要直接重新加载配置文件，要先验证一下文件是否正确；否则如果文件有问题，直接重新加载就会导致 Nginx 停止工作，影响线上服务。

```
sudo nginx -t
```

如果没有问题，重新加载配置文件。

```
sudo nginx -s reload
```

11.3 MongoDB 复制集

复制集是一组 MongoDB 节点的集合，集合中有一个节点是主节点，负责对外提供服务；其余的是从节点，自动复制主节点的数据，保持同步。复制集中还有另一种角色，是仲裁节点，无关数据，只作为观察者和决策者，当主节点出现故障时，仲裁节点马上在从节点中选出一个作为主节点。这 3 个角色的关系如图 11.8 所示。

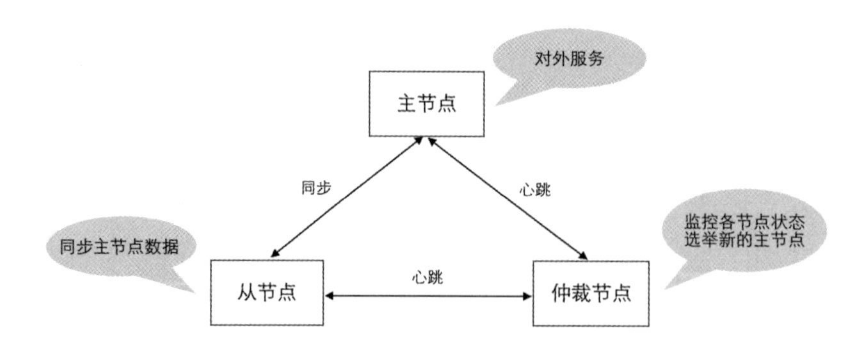

图 11.8 复制集中的节点关系

通过简单了解，可以看到复制集是一套全自动化的故障解决方案，多节点间的自动复制，保证数据的安全性。当主节点发生故障时，自动选取出新的主节点，保证服务的稳定性。

主从节点间的数据同步是通过 oplog 完成的，oplog 是操作数据的日志。每次客户端向主节点写入数据时，就会自动向 oplog 中添加一条记录，记录中包含了此操作的所有信息。从节点定期获取主节点新的 oplog，然后在自己的数据集中执行日志中的操作，保持和主节点的同步。

“心跳”是复制集进行故障处理的重要机制。各个节点每 2 秒就会互相 ping 一下，这样就可以知道各个节点的健康状况了。如果哪个节点失去了响应，那么复制集就要进行处理了。当某个从节点出现问题时，复制集就不会把它作为主节点的候选人了。当主节点出现问题时，复制集从健康的从节点中选出一个作为主节点。如果那个有问题的主节点恢复健康了，复制集会把它变为一个从节点，并从新的主节点中同步数据。

下面了解一下复制集的配置过程，假设我们有 3 个 MongoDB 节点：一个是主节点 master，一个是从节点 slave，另一个是仲裁节点 arbiter。

首先要把这 3 个节点配置到一个复制集中，在配置文件中指定此节点属于哪个复制集。

1. 主节点的配置文件 master.cnf

```
# 复制集名称
replSet = rs8

# 端口
port = 27017

# 日志
logpath = 日志文件路径

# 数据库
dbpath = 数据存储位置
```

2. 从节点的配置文件 slave.cnf

```
# 复制集名称
replSet = rs8

# 端口
```

```
port = 28017

# 日志
logpath = 日志文件路径

# 数据库
dbpath = 数据存储位置
```

3. 仲裁节点的配置文件 arbiter.cnf

```
# 复制集名称
replSet = rs8

# 端口
port = 29017

# 日志
logpath = 日志文件路径

# 数据库
dbpath = 数据存储位置
```

这个配置文件中都设置了 replSet = rs8，说明它们同属于 rs8 这个复制集。下面启动各个节点：

```
mongod -f master.cnf
mongod -f slave.cnf
mongod -f arbiter.cnf
```

现在 3 个节点都已经启动，接下来进入主节点的 shell 终端进行复制集的配置：

```
mongo --port 27017
```

定义配置数据：

```
> config_rs8 = {
    _id: "rs1",
    members: [
        {
```

```
            _id: 0,
            host: "replset:27017",
            priority: 1
        },
        {
            _id: 1,
            host: "replset:28017",
            priority: 1
        },
        {
            _id: 2,
            host: "replset:29017",
            priority: 1,
            "arbiterOnly": true
        }
    ]
}
```

下面使用复制集初始化命令加载上面的配置：

```
> rs.initiate(config_rs8)
```

稍等片刻即可执行完成，复制集就成功建立起来了。在任一节点上都可以执行命令 rs.status() 来查看复制集的状态。

11.4　Redis 缓存

Redis 是一个开源的高性能 key-value 数据库，和 Memcached 类似，但 Redis 支持更多的数据类型，包括 string 字符串 、list 链表 、set 集合 、zset 有序集合、hash 哈希类型。

Redis 的安装和操作就不多讲了，我们主要看一下如何在 Meteor 中结合 Redis 进行开发。

首先要安装 Redis 模块。在 Meteor 中安装外部模块时，不能直接使用 npm install，而要使用 meteor npm install。安装 Redis 模块需要执行以下命令：

```
meteor npm install --save hiredis
meteor npm install --save redis
meteor npm install --save meteor-node-stubs
```

安装完成后，就可以在代码中使用，例如：

```
// 加载 Redis 模块
var redis = require("redis");

// 连接 Redis 服务器，创建客户端对象
// host 是 Redis 服务器的 IP
// port 是 Redis 服务器的端口号
// password 是 Redis 服务器的授权密码
var client = redis.createClient({
  host : '18.92.4.31',
  port : 6397,
  password:'pwd'});

// 调用 Redis 客户端对象，设置一个 key-value
client.set('meteor','hi');
```

使 Redis 可用之后就简单了，根据自己应用的需求，使用适当的 Redis 数据类型缓存所需的数据。

11.5 云服务架构

现在已经全面进入云时代，各种云资源极其丰富。已经很少有团队会自己购买一个物理服务器，然后托管到某个数据中心了；他们普遍都会选择一个云平台，购买其中的云服务器，非常方便。

要实现上面的架构，可以购买多台云服务器，逐个安装配置。如果服务器维护管理的经验不是很丰富，也可以考虑使用各种云服务，例如阿里云和腾讯云，其均有很全面的云服务产品。

1. 负载均衡服务

这包括多可用区支持，多层次容灾保障，故障对用户完全透明，定时检测后端

云服务器是否正常运行。一旦检测到异常，则不会将流量再分配到这些异常实例，保证应用的可用性。

另外，也支持 Meteor 应用的特性，可将一定时间内来自同一用户的访问请求转发到同一个后端服务器上，实现用户访问的连续性。

2. 云数据库 MongoDB

云数据库已经部署了好多节点的副本集，而且容灾切换和故障迁移自动完成，还支持弹性扩容和按需升级，例如 MongoDB 服务器的 CPU 内存配置、空间大小、最大连接数等，升级过程透明，对业务没有影响。

3. 云数据库 Redis

自动进行数据库热备和持久化，保障服务的高可用和数据可靠性，而且配置了集群结构，提供高性能；也同样可以弹性扩容，例如存储容量、最大连接数等，扩容过程透明。

使用云服务之后，之前的架构则变化为图 11.9 中的结构。

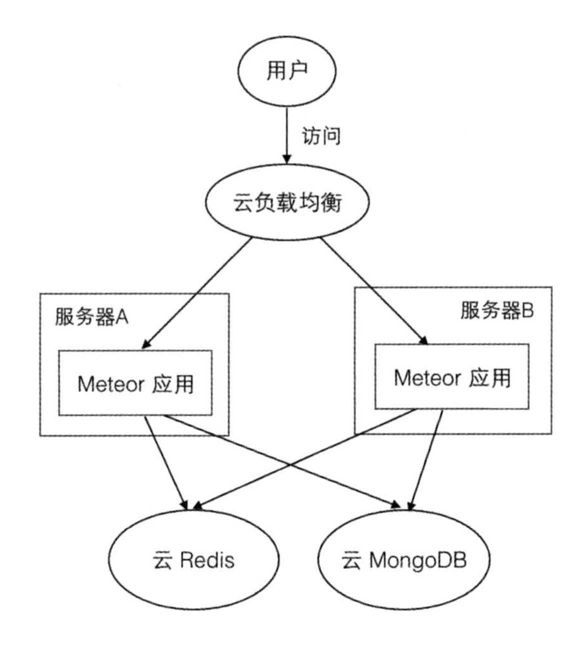

图 11.9　云服务架构

云服务可以大大简化服务器的运维工作，例如各个服务器初期的配置、后期的扩容、运行时的故障处理，我们只需要聚焦在自己的应用上。

云服务的优势是零维护、安全稳定、动态扩容；自行搭建服务的优势是灵活，自己可以完全决定各种细节，例如 Redis 发布了新版本后，有的新特性正是自己所需要的，那么就可以快速升级，还可以进行很细节性的配置调优。云服务器则缺乏这方面的灵活性。

所以，如果自身团队的服务器运维经验丰富，非常希望自由掌控，则适合自己搭建服务；否则，推荐使用云服务，起步快，开通即用，无须专业的运维。

11.6 本章小结

本章我们讨论了架构的扩展方式，整理出了一套基础的架构方案，也具体了解了其中主要部分的配置实现方式，架构的设计重点在于对各种技术的特性掌握，知道什么场景应该使用什么技术，根据具体需求整理出合适的架构设计思路。

需要牢记的是：架构设计的最基本要求是要具有水平扩展能力；就是当现有服务器资源无法满足需求时，可以快速地通过添加新的服务器来消化掉压力，这是很多大型网站的架构经验。

云服务的普及降低了架构设计和系统运维的难度，所以熟悉各种云服务的特性、考虑如何把云服务与自己的应用很好地融合起来，这也是架构工作的重点。

架构设计是非常广泛的知识领域。希望本章内容能够起到抛砖引玉的作用，以通过一套简单、有效的架构方案，让 Meteor 应用运行得更好。